Metatemas 58

Metatemas
Libros para pensar la ciencia
Colección dirigida por Jorge Wagensberg

Al cuidado del equipo científico del Museu de la Ciència
de la Fundació "la Caixa"

* Alef, símbolo de los números transfinitos de Cantor

Ruth Braunizer, Christian de Duve, Jared
Diamond, Manfred Eigen, Stephen Jay
Gould, Hermann Haken, Stuart A.
Kauffman, James J. Kay, J.A. Scott Kelso,
John Maynard Smith, Roger Penrose, Eric
D. Schneider, Eörs Szathmáry, Walter
Thirring, Lewis Wolpert

Tusquets Editores

LA BIOLOGÍA
DEL FUTURO

¿Qué es la vida? cincuenta años después

Edición de Michael P. Murphy y Luke A. J. O'Neill

Traducción de Ambrosio García Leal

Título original: *What is Life? The Next Fifty Years*
Speculations on the Future of Biology

1.ª edición: mayo 1999

© Cambridge University Press, 1995

Indice

Apéndices

Prefacio

Entre los días 20 y 22 de septiembre de 1993 se celebró en el Trinity College de Dublín un congreso para conmemorar el cincuentenario de la génesis del libro ¿Qué es la vida?, de Erwin Schrödinger. En este congreso, científicos de distintas disciplinas especularon, a la manera de las conferencias originales de Schrödinger, sobre el desarrollo de la biología en los próximos cincuenta años. En este volumen se recoge la práctica totalidad de las intervenciones, junto con algunas ponencias que no pudieron ser expuestas en su momento por sus autores.

Los editores dan las gracias a la Universidad de Otago, el consorcio Welcome, la embajada de Austria en Dublín, la Sociedad Bioquímica de Londres, la fundación del TCD, el Instituto de Estudios Avanzados de Dublín, la Real Academia Irlandesa, BioResearch Irlanda, el British Council, Biotrin Internacional y Pharmacia Biotech por su generoso apoyo. Nos complace agradecer la ayuda y los consejos recibidos del doctor Joe Carroll, decano de ciencias del Trinity College de Dublín; la doctora Margaret Worral, del Colegio Universitario de Dublín; el doctor Tim Mantle, del Departamento de Bioquímica del Trinity College de Dublín; Alex Anderson, del Trinity College de Dublín; el profesor David McConnell, del Departamento de Genética del Trinity College de Dublín; el profesor Keith Tipton, del Departamento de Bioquímica del Trinity College de Dublín; el doctor Merv Smith, profesor asociado del Departamento de Bioquímica de la Universidad de Otago en Dunedin; el doctor Garret Fitzgerald de Dublín, y Louis le Brocquy, de Carros (Francia).

1
«¿Qué es la vida?» cincuenta años después
Una introducción
Michael P. Murphy y Luke A.J. O'Neill

El presente libro es el resultado de un congreso celebrado en el Trinity College de Dublín en septiembre de 1993 con motivo del cincuentenario de un ciclo de conferencias impartidas durante el año 1943 en este mismo escenario por Erwin Schrödinger bajo el título *¿Qué es la vida?* Schrödinger, uno de los fundadores de la mecánica cuántica y premio Nobel de física, había venido a Dublín en 1939 invitado por Éamonn de Valera, el *Taoiseach* (primer ministro) de Irlanda, para tomar posesión de una cátedra de física teórica en el recién fundado Instituto de Estudios Avanzados de Dublín (Moore, 1989; Kilmister, 1987). Dicha invitación había seguido a su destitución de la cátedra de física teórica en la Universidad de Graz tras el *Anschluss* (la anexión de Austria por la Alemania nazi). Schrödinger, que acabaría convirtiéndose en una de las personalidades más relevantes en la vida intelectual de Dublín, permaneció en la capital irlandesa hasta su retorno a Austria en 1956, donde fallecería cinco años después.

Schrödinger tenía intereses intelectuales muy amplios, y durante su estancia en Dublín, además de continuar su obra en física teórica, exploró diversas áreas de la filosofía y la biología. En este volumen nos ocupamos de sus incursiones en la biología. En *¿Qué es la vida?* Schrödinger se concentró en dos temas biológicos: la naturaleza de la herencia y la termodinámica de los sistemas vivos. Sus principales fuentes de inspiración en ambos temas fueron, respectivamente, Max Delbrück y Ludwig Boltzmann. Entre las obligaciones académicas de Schrödinger figuraba impartir un ciclo de conferencias anual, de manera que aprovechó una serie de tres charlas para el gran público previstas para febrero de 1943 en el Trinity College para una primera exposición de sus ideas en el campo de la biología. Las conferencias fueron un éxito de audiencia, pues fueron seguidas por más de cuatrocientos asistentes. Parte de esta popularidad se debió sin duda al provocativo título y a la restringida oferta de distracciones durante la «emergencia» (apelativo con el que se aludía a la segunda guerra mundial en la neutral Irlanda), pero también a la elocuencia de Schrödinger, perfectamente capaz de cautivar a sus oyentes.

Tras su publicación por Cambridge University Press (Schrödinger, 1944) las conferencias tuvieron una gran resonancia internacional. La obra tuvo una amplia difusión y se convirtió en uno de los «libritos» más influyentes en la historia de la ciencia (Kilmister, 1987). Curiosamente, a pesar de la ampliamente reconocida influencia de este libro sobre los fundadores de la biología molecular (Judson, 1979), el papel concreto desempeñado por *¿Qué es la vida?* es todavía objeto de debate (Judson, 1979; Pauling, 1987; Perutz, 1987; Moore, 1989). Parte del atractivo e influencia del libro se debió indudablemente a su prosa clara y a lo persuasivo de su argumentación. Schrödinger, presentándose a sí mismo como un «físico ingenuo», partió de la consideración de los sistemas vivos como sistemas físicos. No se puede decir que este enfoque fuese inusual, pero *¿Qué es la vida?* lo popularizó y convenció a los físicos de la época de que ya era tiempo de considerar problemas biológicos.

¿Y qué decir de las ideas mismas expresadas en el libro? Schrödinger discutió dos temas basados en sus reflexiones sobre la herencia y la termodinámica. El primero, la cuestión del «orden a partir del orden», como suele llamársele, tiene que ver con la forma en que los organismos transmiten infor-

10

mación de generación en generación. Para esta discusión sobre el gen Schrödinger se basó en un conocido artículo de Timoféeff-Ressovsky, Zimmer y Delbrück (1935) en el que los autores, a partir de mutaciones provocadas en moscas de la fruta, habían calculado que la longitud de los genes debía rondar los 1000 átomos. El problema que se planteaba era cómo se las arreglaba un gen de este tamaño para sobrevivir a la disgregación térmica y aún transferir información a las generaciones futuras. Schrödinger propuso que, para soslayar este problema, el gen tenía que ser alguna clase de cristal aperiódico que contenía información codificada en su estructura. Como es bien sabido, esta profecía demostró ser cierta tras la dilucidación de la estructura del ADN y el establecimiento del «dogma central» de la biología molecular. El segundo tema abordado por Schrödinger fue el del «orden a partir del desorden». El problema que tenían que resolver los organismos era cómo mantener su estructura ordenada, altamente improbable a la luz de la segunda ley de la termodinámica. Schrödinger señaló que los organismos mantienen su orden interno a base de generar desorden en su entorno. Sin embargo, el término «neguentropía», acuñado por él para este proceso, no ha sido bien acogido por otros científicos (Pauling, 1987).

En los cincuenta años transcurridos desde las conferencias de Schrödinger nos hemos acostumbrado al tema del «orden a partir del orden», y buena parte del deslumbrante progreso de la biología molecular durante este tiempo puede contemplarse como una derivación de las implicaciones de esta idea. En esto se basa buena parte de la reputación de *¿Qué es la vida?* El tema del «orden a partir del desorden» ha sido en general considerado de menor trascendencia. Sin embargo, ahora que la termodinámica de los sistemas fuera del equilibrio y las estructuras disipativas se está aplicando a los sistemas vivos, la importancia de este tema podría reafirmarse. Puede que dentro de otros cincuenta años *¿Qué es la vida?* se considere una obra profética más por su tratamiento de la termodinámica de los sistemas vivos que por su predicción de la estructura del gen.

Si bien la influencia del libro de Schrödinger ha sido ampliamente reconocida, las ideas expresadas en él han sido defendidas por unos (Moore, 1987; Schneider, 1987) y tachadas de trilladas o equivocadas por otros (Pauling, 1987; Perutz, 1987). Es cierto que buena parte de lo explicitado en *¿Qué es la vida?* estaba ya implícito en trabajos anteriores. Pero estas críticas tienden a pasar por alto un aspecto fundamental: el que un físico aventurero pudiese estimular la investigación en un dominio de competencia ajeno al suyo. Este planteamiento interdisciplinario de cuestiones provocativas no es frecuente en ciencia. *¿Qué es la vida?* es la obra de un físico cuyas reflexiones han inspirado la investigación biológica subsiguiente. Éste es el espíritu que nos anima a conmemorar el cincuentenario de aquellas conferencias. Para ello hemos reunido diversos artículos cuyos autores especulan sobre el futuro de la biología. Puede que buena parte de lo expresado en este volumen resulte falso, pero creemos que este espíritu explorador es la mejor manera de conmemorar la publicación, hace cincuenta años, de *¿Qué es la vida?*

REFERENCIAS

Judson, H.F., *The Eighth Day of Creation: Makers of the Revolution in Biology*, Simon & Schuster, Nueva York, 1979.

Kilmister, C.W. (ed.), *Schrödinger: Centenary Celebration of a Polymath*, Cambridge University Press, Cambridge, 1987.

Moore, W.J., «Schrödinger's entropy and living organisms», *Nature* 327 (1987), pág. 561.

Moore, W.J., *Schrödinger: Life and Thought*, Cambridge University Press, Cambridge, 1989.

Pauling, L., «Schrödinger's contribution to chemistry and biology», en *Schrödinger: Centenary Celebration of a Polymath*, C.W. Kilmister ed., Cambridge University Press, Cambridge, 1987, págs. 225-233.

Perutz, M.F., «Erwin Schrödinger's Wat is Life and molecular biology», en C.W. Kilmister ed., *Schrödinger: Centenary Celebration of a Polymath*, Cambridge University Press, Cambridge, 1987, págs. 234-251.

Schneider, E.D., «Schrödinger's grand theme shortchanged», *Nature* 328 (1987), pág. 300.

Schrödinger, E., *What is Life? The Physical Aspect of the Living Cell*, Cambridge University Press, Cambridge, 1944 [trad. esp.: *¿Qué es la vida?*, Tusquets Editores (Metatemas 1), Barcelona, 1983].

Timoféeff-Ressovsky, N.W., K.G. Zimmer y M. Delbrück, *Nachrichten aus der Biologie der Gesellschaft der Wissenschaften Göttingen* 1(1935), págs. 189-245.

2
¿Qué quedará de la biología del siglo xx?*
Manfred Eigen

«Quo vadis humanitas?»

Nos encontramos en la última década de este siglo; ninguna centuria anterior ha tenido un efecto tan profundo sobre la vida humana. Puede que ninguna otra centuria haya generado tal grado de recelo y temor, hasta el punto de que han arraigado en la conciencia humana. Nos hemos vuelto desconfiados. Hoy en día, cuando se da a conocer un descubrimiento la primera pregunta ya no es, como antes, qué servicio prestará a la humanidad, sino qué perjuicios causará y en qué forma mermará nuestro bienestar y nuestra salud. Nuestro presente estado de bienestar hay que atribuirlo principalmente al conocimiento científico. Nuestra esperanza de vida asciende hoy a 75 años, lo que se aproxima al límite biológico de longevidad. A principios de siglo la esperanza de vida no pasaba de 50 años, y a principios del siglo anterior apenas rondaba los 40 años. En los países en vías de desarrollo la esperanza de vida también está aumentando, aunque con unos 50 años de retraso respecto de nosotros; mientras tanto, nuestra esperanza de vida está alcanzando su límite superior. Aun así, miramos al futuro con más apren-

* La versión original de esta conferencia fue publicada en 1993 en el volumen *Man and Technology in the Future*, compendio de un seminario internacional organizado por la Real Academia Sueca de Ingeniería en Estocolmo.

sión que nunca, y ello a pesar de que, en el sector político, algunos de los desarrollos más graves y grotescos instigados por la humanidad en este siglo parecen estar en proceso de rectificación. Es imposible decidir si los cambios acaecidos en esta última década son realmente para mejor.

Estos años no sólo cierran el siglo, sino que dan paso a un nuevo milenio. Nos sentimos impelidos a reflexionar sobre el camino recorrido hasta aquí y sobre el que tenemos por delante. Nuestro apuro se formula en la pregunta: ¿sobrevivirá siquiera la humanidad al final del milenio que viene? De las aproximadamente treinta generaciones que abarca un periodo de mil años, tenemos ya una experiencia directa de dos o tres. Estas treinta generaciones pueden listarse con espacio de sobra en una página impresa; sin embargo, un milenio es un lapso de tiempo que desafía nuestra comprensión. ¿Qué podría haber predicho Carlomagno de nuestros tiempos? Para cualquier extrapolación al futuro es esencial una apropiada experiencia del pasado pero, aun así, lo verdaderamente nuevo sigue siendo sorpresivo. En la investigación básica la situación es la misma. Nuevos atisbos pueden abrir continentes enteros de nuevas oportunidades. Es más, todas las cosas que conforman nuestra vida cotidiana dependen esencialmente de descubrimientos y conocimientos del pasado más reciente. Todo lo que podemos decir realmente acerca del futuro es casi una perogrullada: los cambios en nuestro modo de vida serán aún más radicales en el milenio que comienza de lo que lo han sido en el que llega a su fin.

En la actualidad la población mundial está creciendo de manera hiperbólica. ¿En qué difiere esto del crecimiento exponencial al que suele aludirse en las publicaciones sobre el tema? Bien, el último implica duplicaciones sucesivas a intervalos iguales de tiempo; en el crecimiento hiperbólico, estos intervalos se hacen cada vez más cortos. Una tasa de natalidad constante es suficiente para que haya crecimiento exponencial, pero a esto se superpone el hecho de que un porcentaje cada vez mayor de gente alcanza la madurez sexual como resultado del mejoramiento de la higiene y la sanidad infantil en los países en desarrollo. La última duplicación de la población mundial requirió sólo 27 años. Ahora mismo hay 5500 millones de personas en la Tierra. De acuerdo con la ley hiperbólica que ha descrito el incremento de la población en los últimos 100 años, en el año 2020 habrá 12000 millones de almas, y en el 2040 la curva tenderá asintóticamente hacia ¡infinito! Puedo verme citado en los medios de comunicación: «Científico profetiza una catástrofe demográfica para el año 2040». Calma; lo único que puedo predecir con certeza es que nunca ocurrirá tal cosa, aunque sólo sea por la limitación de los recursos planetarios. No sabemos lo que nos depara el próximo siglo. Sin embargo, el aspecto verdaderamente inquietante de nuestra preocupación no es este fatalismo anticientífico. Mucho más desconcertante es el hecho de que no podamos derivar nada del presente comportamiento demográfico, ni siquiera en principio. Cerca de una singularidad de ese estilo, la más pequeña fluctuación puede amplificarse y tener efectos enormes. Las catástrofes, de carácter local o incluso global, limitarán el crecimiento de la población mundial. Tales catástrofes no nos son desconocidas, ni mucho menos. Y conocemos nuestra impotencia ante ellas. Algo falla en nuestra ética, todavía ajustada a una época en la que la supervivencia de la humanidad (o la de unidades demográficas menores) se aseguraba mediante una descendencia numerosa.

Se podría objetar que la población de los países industrializados ha alcanzado el equilibrio hace tiempo. En algunos incluso está disminuyendo. Aun así, nuestra densidad de población es tan alta que, si se hiciera extensiva a la superficie total disponible, habría una población de entre 30 000 y 40 000 millones de personas. Según un estudio de Roger Revell, ésa vendría a ser la máxima población que podría mantenerse movilizando todos los recursos planetarios concebibles. Para a duras penas alimentar a una población tal sería necesario un incremento global en la producción agrícola hasta el máximo local asumido por Revell (correspondiente, por ejemplo, a la cosecha de maíz del estado de Iowa en Estados Unidos). No habría perspectivas de prosperidad general. El tamaño de la población calculado por Revell quizá permitiese una producción suficiente en unas pocas regiones, pero en la mayoría habría un déficit catastrófico. En este análisis ni siquiera he mencionado los problemas medioambientales que ya están escapando a nuestro control. Tampoco he hablado de los cuellos de botella en la explotación de recursos y la obtención de energía, ni de las emergencias sanitarias.

Esto debería bastar como introducción. Mi intención ha sido describir el decorado ante el cual se va a representar el devenir de la humanidad. No deberíamos perderlo de vista al considerar el futuro de la ciencia y nuestras expectativas, inquietudes y esperanzas asociadas.

Volviendo ahora al tema principal, comenzaré mi exposición haciendo inventario de la situación presente.

La biología del siglo XX

Está plenamente justificado afirmar que, así como la primera mitad de este siglo fue la era de la física atómica, la segunda mitad ha sido la era de la biología molecular. De hecho, fueron físicos quienes abordaron el análisis del concepto vida, aunque inicialmente se hiciese en la dirección equivocada. El libro de Pascual Jordan, *Physics and the Secret of Organic Life*, de 1945, y especialmente *¿Qué es la vida?*, publicado en 1944, hecho que conmemoramos en este volumen, son ejemplos característicos. El texto de Schrödinger hizo época no porque ofreciese un enfoque útil para la comprensión del fenómeno de la vida, sino porque inspiró nuevas líneas de pensamiento.

Buena parte del contenido profético del libro de Schrödinger ha sido resuelto desde entonces por los bioquímicos, pero nadie antes se había dedicado tan abiertamente a extraer principios básicos. Sin embargo, no fueron los teóricos puros, que permanecieron impotentes ante la complejidad de los seres vivos, quienes revolucionaron la biología y establecieron la nueva ciencia de la biología molecular. Este logro hay que atribuírselo a físicos que abrieron vías experimentales radicalmente nuevas, usando como trampolín nuestro conocimiento básico de la naturaleza química de los procesos vitales. Primero fue Max Delbrück, un físico teórico de la escuela de Gotinga, quien, inspirado por el principio de complementariedad de Niels Bohr, decidió investigar los detalles moleculares de la herencia, y luego fue Linus Pauling, un físico de la escuela de Sommerfeld, quien persiguió una comprensión más profunda de la naturaleza de las proteínas, los ejecutores moleculares de las células vivas. En el proceso descubrió elementos estructurales esenciales, tendiendo así un puente entre la química y la biología. Y lo más llamativo, fue Francis Crick, un físico técnico que había estado trabajando en radares durante la guerra, quien en el año 1953, junto con James Watson, reconstruyó la estructura en doble hélice del ADN mediante la técnica de difracción de rayos X. En el proceso, y ahí reside la verdadera importancia del descubrimiento, dedujo el modo en que la información genética podía almacenarse y transferirse de generación en generación. En Cambridge estaba también Max Perutz, trabajando en el Laboratorio Cavendish bajo la dirección de sir Lawrence Bragg, cuya técnica de difracción de rayos X aplicó a moléculas tan complejas como la hemoglobina, el pigmento de los glóbulos rojos. De esta forma dilucidó por primera vez (junto con John Kendrew) el diseño detallado de una máquina biomolecular. Así fue como nació la biología molecular.

Hoy tenemos una amplia apreciación del diseño molecular de las células vivas, incluyendo los detalles de los procesos moleculares que están en la base de las funciones celulares. Tenemos idea de las perturbaciones y averías de tales funciones, expresadas en los más diversos síndromes clínicos, y del modo en que virus, bacterias y hongos parásitos destruyen el ciclo vital de un organismo. De hecho, podemos ir aún más lejos en la regulación de estos procesos vitales, hasta el punto de alterar permanentemente su programa genético. La moderna industria farmacéutica, cada vez más orientada hacia la bioquímica, explota nuestro conocimiento detallado de la biología molecular y las posibilidades técnicas asociadas. Es la investigación básica, primordialmente, la que ha abrazado de manera irrevocable la llamada tecnología del ADN recombinante. ¿Qué sabríamos sobre las estructuras moleculares del sistema inmunitario, los oncogenes o el SIDA sin esta tecnología?

Pero no pretendo bombardear al lector con una lista cuasialfabética de todos los logros de la biología molecular junto con los nombres de sus artífices más destacados, desde Avery, Luria y Delbrück hasta Neher y Sackmann. Tampoco quiero entretenerme en la biología de la primera mitad de este siglo. Sólo diré que no fue únicamente una derivación de los grandes conceptos decimonónicos: las ideas de Charles Darwin y Gregor Mendel, junto con las intuiciones de Louis Pasteur, Robert Koch, Emil von Behring y Paul Ehrlich. Durante la primera mitad del siglo, a través de la obra de Otto Warburg, Otto Meyerhof, sus discípulos Hans Krebs y Fritz Lipmann, y muchos otros, se establecieron los fundamentos químicos de la biología molecular. Quiero centrarme en las cuestiones biológicas fundamentales. Su respuesta ha entrado en el dominio de lo posible sólo en virtud del acopio de un conocimiento molecular detallado durante el siglo XX. Cruzaremos el umbral del siglo XXI y echaremos un vistazo al futuro. Muchas cuestiones que podemos formular hoy sólo hallarán una respuesta satisfactoria en el siglo que viene.

¿Qué es la vida?

Ésta no es sólo una pregunta difícil; quizá ni siquiera sea la pregunta adecuada. Las cosas que calificamos de «vivas» tienen características y facultades demasiado heterogéneas para encajar en una definición común que dé siquiera una idea de la variedad contenida en ese término. Esta plenitud, variedad y complejidad es precisamente uno de los rasgos esenciales de la vida. Posiblemente no pasará mucho tiempo antes de que lo sepamos «todo» acerca de la bacteria *Escherichia coli*, y quizá hasta de la mosca *Drosophila*. ¿Pero qué sabremos entonces acerca de nosotros mismos?

Es más inteligente preguntarse en qué difiere un sistema vivo de uno no vivo. ¿Cuándo y cómo tuvo lugar esta transición en la historia de nuestro planeta o del universo en su conjunto?

En mi calidad de químico, a menudo me preguntan cuál es la diferencia entre un sistema químico acoplado arbitrariamente complejo y un sistema vivo en el que no encontramos otra cosa que una profusión de reacciones químicas. La respuesta es que en un sistema vivo todas las reacciones siguen un programa controlado ejecutado desde un centro de información. El objetivo de este programa de reacciones es la autorreproducción de todos los componentes del sistema, incluyendo la duplicación del propio programa o, más precisamente, de su soporte material. Cada reproducción puede llevar aparejada una modificación menor del programa. La multiplicación competitiva de estos sistemas modificados permite una evaluación selectiva de su eficiencia: «Ser o no ser, ésa es la cuestión».

Hay tres características esenciales en este comportamiento que se encuentran en todos los sistemas vivos hasta ahora conocidos:

1. Autorreproducción, sin la cual la información se perdería tras cada generación.
2. Mutación, sin la cual la información sería «inmutable» y por lo tanto ni siquiera se originaría.
3. Metabolismo, sin el cual el sistema caería hacia el equilibrio, desde el que no es posible cambio ulterior alguno

(como ya señaló correctamente Erwin Schrödinger en 1944).

Un sistema que exhiba estas propiedades está predestinado a la selección. Lo que quiero decir es que la selección no es un componente adicional activado desde fuera. No tendría sentido preguntar quién la ejerce. La selección es una forma inherente de autoorganización, y como tal una consecuencia física directa de la autorreproducción falible lejos del equilibrio. El equilibrado sólo seleccionaría la estructura más estable. La selección (una categoría alternativa incompatible con el equilibrio) escogería en cambio una estructura lo bastante estable óptimamente adaptada para ciertas funciones que aseguran el mantenimiento y la multiplicación del organismo. La evolución basada en la selección natural conlleva la generación de información.

Para fijar estructuralmente la información se requieren clases definidas de símbolos, como las letras de un alfabeto o los ceros y unos del código binario de un ordenador. Además necesitamos las relaciones conectivas entre símbolos para formar palabras y las reglas sintácticas que combinan palabras en frases, y también hacen falta dispositivos para leer las secuencias de símbolos. En última instancia, información es sólo aquello que puede ser entendido y evaluado. La facultad de tratar la información contenida en nuestro lenguaje lleva aparejada la existencia de un sistema nervioso central.

¿Qué forma adopta esto en el caso de las moléculas? El registro molecular de información está sujeto al mismo prerrequisito de que dicha información sea «legible» y evaluable. Sólo con los ácidos nucleicos las moléculas aprendieron a leer. Tras esta facultad subyace la interacción complementaria, una asociación inherentemente específica entre dos bases nucleotídicas (piezas de construcción de los ácidos nucleicos) complementarias. El fundamento del procesamiento de información molecular es, pues, el apareamiento de bases, como descubrieron Watson y Crick. Esta interacción, puramente química en primera instancia, hace posible la trascendencia de la química al actuar los constituyentes moleculares como símbolos informativos. La evolución, primero molecular, luego celular y finalmente organísmica, fue sólo posible a través de la reproducción y la selección. La selección dejó de basarse en criterios puramente químicos para conformarse a la codificación funcional de la información. La diferencia entre el hombre y la bacteria *E. coli* no está en una química más eficiente, sino en un mayor contenido de información (de hecho mil veces mayor). Esta información codifica funciones sofisticadas y hace posible la conducta compleja.

La generación espontánea de un sistema de procesamiento de información subcelular se produjo hace $3,8 \pm 0,5$ miles de millones de años, como podemos reconstruir a partir de estudios comparativos sobre los adaptadores del código genético. De acuerdo con esto, la vida probablemente se originó en nuestro planeta y no en alguna otra parte del universo. No es más vieja que la Tierra, pero tampoco mucho más joven. Esto quiere decir que la vida surgió tan pronto como las condiciones lo permitieron. Ya había organismos unicelulares hace al menos 3500 millones de años. Aun así, el camino hacia las auténticas obras maestras de la evolución —los insectos, peces, aves, mamíferos y plantas pluricelulares— fue largo y dificultoso, pues requirió del orden de 3000 millones de años. La humanidad hizo su entrada en la escena de este grandioso drama hace apenas un millón de años.

La biología molecular ha confirmado las ideas fundamentales de Darwin al revelar lo que tienen en común los genomas de los organismos vivos. La información, en este caso genética, se genera mediante selección sucesiva. Darwin propuso su principio para la evolución de seres vivos autónomos. La extrapolación a los sistemas precelulares para responder la cuestión del origen de las primeras formas de vida y las primeras células autónomas le pareció un paso demasiado osado. En cierta ocasión expresó un especulativo «si» e inmediatamente añadió: «¡Y qué gran "si"!». Hoy sabemos que la selección actúa ya al nivel molecular sobre moléculas como el ARN y el ADN, de manera que es susceptible de derivación sobre la base de las propiedades fisicoquímicas de las moléculas. Esta apasionante constatación cierra el hueco que se abría entre la biología por un lado y la física y la química por otro. Lo cual no implica que la biología sea reducible a la física y la química convencionales. Simplemente se confirma que entre la física, la química y la biología existe una continuidad. La física de los sistemas vivos tiene características propias. Se trata de una física de producción de información.

La nueva teoría de la autoorganización va mucho más allá que Darwin en sus detalles y responde preguntas que no tenían respuesta o incluso resultaban paradójicas en su tiempo. El legado de Darwin es un testimonio del siglo XIX.

Ludwig Boltzmann dijo en 1886: «A la pregunta de si este siglo será conocido como el siglo del acero, o del vapor, o de la electricidad, tengo que responder sin vacilación que será conocido como el siglo en el que se aprehendieron los mecanismos de la naturaleza, el siglo de Darwin». Seguramente Boltzmann se obnubiló un tanto en su homenaje a Darwin. Hoy resulta evidente que la reducción de los fenómenos vivos a una concepción mecánica de la naturaleza es sólo una parte de la historia. Las leyes naturales que subyacen tras la selección y la evolución echan por tierra cualquier concepción mecanicista puramente causal de la naturaleza y describen un mundo con un futuro abierto, indeterminado. Este cambio de paradigma, quizás el único en la ciencia natural que merece este título, no se limita a la biología. En las últimas décadas se ha hecho extensivo a la totalidad de la física, y sus derivaciones seguirán desarrollándose a lo largo de un periodo mucho más largo. Mientras aprendemos cómo puede surgir la información construimos un puente entre la naturaleza y la mente.

¿Cómo se genera la información (biológica)?

Desde mediados de este siglo disponemos de una teoría que lleva por nombre «teoría de la información». Sin embargo, su fundador, Claude Shannon, subrayó de buen principio que, más que de la información en sí, la teoría trata de la comunicación de información. La información como tal no se toma en consideración, sino que se supone dada: una secuencia de símbolos entre múltiples alternativas que debe mantenerse durante la transmisión, con independencia de su contenido o valor semántico. En esta teoría la información interviene únicamente como una medida de complejidad. El número de secuencias alternativas posibles de longitud N formadas por dos símbolos distintos, por ejemplo ceros y unos, es 2^N. Aun considerando secuencias relativamente cortas con N en torno a 300 (lo que ocuparía menos de la mitad de una página impresa) el número de párrafos alternativos sería mayor que el número de átomos que hay en el universo. Sólo una teoría dinámica de la selección puede dar cuenta de la diferencia entre secuencias con sentido y sin sentido, mediante criterios que evalúen su contenido semántico o fenotípico. Para que este contenido sea susceptible de optimización evolutiva, debe reproducirse con una tasa de error finita. Tenemos aquí un umbral de error, por debajo del cual la evolución es óptima, pero por encima del cual la información cae en picado víctima de una catástrofe de error, vaporizándose como en una transición de fase material.

Aquí se aprecia ya una modificación de la visión darwiniana del mundo. La selección natural deja de ser simplemente una dialéctica entre mutación aleatoria y selección determinista necesariamente consistente. Con un número tan enorme de alternativas, la aparición de un mutante ventajoso sería un fenómeno demasiado infrecuente. Esta dialéctica entre azar y necesidad puede simularse hoy con un ordenador. Se comprueba que cualquier proceso que responda a este esquema progresa con una lentitud exasperante. Si la selección natural hubiese procedido de esta manera, ahora mismo nosotros no existiríamos.

En realidad, la evolución molecular cerca del umbral de error implica un vasto espectro de mutantes. En el nivel molecular, el tipo mejor adaptado (el tipo salvaje que tan relevante papel tiene en la teoría de Darwin) se presenta con una frecuencia relativamente pequeña en comparación con la población total. Sin embargo, los mutantes tienden a agruparse alrededor del tipo mejor adaptado, de manera que la secuencia «de consenso» representa efectivamente a la población entera. Los experimentos de clonación han revelado que el tipo salvaje corresponde de hecho a la media de un espectro de miríadas de secuencias alternativas. En esencia, esta población se compone exclusivamente de aquellos mutantes que pueden reproducirse eficientemente. Este resultado teórico ha sido confirmado en poblaciones de virus. En una tal distribución molecular o viral hay miles de millones de copias más o menos mutadas, lo que le confiere una estabilidad absoluta por debajo del umbral de error; es como lanzar dados a través de mil millones de canales en paralelo. Si aparece un mutante mejor adaptado, la distribución previa deja de estar por debajo del umbral de error y se inestabiliza; su contenido de información se volatiliza para condensarse en la vecindad de un nuevo tipo salvaje. A pesar de la continuidad de los procesos moleculares subyacentes, vemos que la evolución procede a través de saltos discretos. La selección se demuestra tan eficiente porque es una propiedad de la población entera, representando una secuencia de sucesos masivamente paralela. Para simular este proceso se necesitaría una nueva clase de computador paralelo. En un computador en serie una simulación tal demandaría demasiado tiempo y dinero, lo que la hace impracticable. La naturaleza nos demuestra cómo debe ser el computador del futuro. Nuestro cerebro es un computador paralelo con miles de millones de neuronas, cada una conectada con hasta 10 000 células vecinas vía sinapsis. Nuestro sistema inmunitario es otra red celular con una complejidad del mismo orden.

En las postrimerías del siglo XX, vemos que en ramas de la biología muy diversas se están formulando preguntas análogas, que pueden resumirse así: ¿cómo se genera la información? Esto vale para la evolución molecular, para la diferenciación celular y también para el procesamiento mental en una red neuronal. Aún más apasionante es la constatación de que la naturaleza parece aplicar principios fundamentales similares en dominios tan dispares como la genética molecular, el sistema inmunitario y el sistema nervioso central. En Estados Unidos, la década de los noventa ha sido la de la investigación neurológica. El legado de la investigación biológica en este siglo será una comprensión profunda de los procesos de creación de información en el mundo vivo. Quizá de esto pueda derivarse una respuesta a la pregunta ¿qué es la vida?

Muy pronto conoceremos los planes de construcción de muchos organismos vivos, y también cómo han aparecido en el curso de la evolución. Las raíces históricas, sin embargo, siguen estando envueltas en la niebla. Los escolásticos ya se plantearon la cuestión de qué fue primero, la gallina o el huevo (o, en versión moderna, las proteínas o los ácidos nucleicos, la función o la información). El mundo del ARN, con su legislativa genética y su ejecutiva funcional, puede ofrecer una solución a este dilema. Debo admitir que (aún) no sabemos cómo «vinieron al mundo» las primeras moléculas de ARN. Desde una perspectiva histórica, las proteínas deberían haber surgido «primero», pero la precedencia histórica no necesariamente coindice con la precedencia causal. La optimización evolutiva requiere la acumulación de información autorreproductiva y, que sepamos, sólo los ácidos nucleicos pueden hacerse cargo de esta función. El ARN (o algún precursor) habría sido entonces necesario para poner en marcha el tiovivo de la evolución.

Ahora estamos en condiciones de observar en el laboratorio el proceso de generación de información en sistemas que contienen ambos componentes: proteínas que actúan como enzimas y ácidos nucleicos que acumulan información. Los virus son modelos inmejorables. Sin embargo, con toda probabilidad no se originaron en un mundo prebiótico, pues para sobrevivir necesitan de una célula huésped. Aun así, existe una estrecha analogía entre estos sistemas y los precursores del ARN en un entorno químico semejante al medio celular.

La acumulación de conocimientos sobre el proceso de generación de información durante los últimos 20 años está comenzando a dar frutos. En el futuro podremos producir en el laboratorio nuevas medicinas y drogas naturales. Estas técnicas no se restringen al nivel molecular. Nuestra nueva comprensión del nivel ontogenético de los organismos nos permitirá, por ejemplo, curar cánceres provocando la degeneración de tumores. Aprenderemos a conocer y modelar nuestro sistema nervioso y su modo de operación. La vida artificial y los computadores pensantes dejarán de estar relegados a la ciencia ficción. Es apenas posible evaluar el impacto que tendrá todo esto en nuestras vidas.

Pero habrá ciertos límites, tanto naturales como de carácter normativo. Tendremos que determinar qué conocimientos pueden aplicarse sin más, cuáles deben aplicarse con reparos en razón de posibles efectos secundarios y cuáles deben considerarse intocables. El furor aplicador ciego es tan peligroso como la prohibición estricta. La humanidad entera debe decidir racionalmente lo que debe o no debe hacerse, lo que se puede permitir y lo que debe prohibirse. Precisamente aquí reside, para mí, el mayor problema no resuelto que nos ocupará en el siglo que viene.

¿Qué problemas siguen sin resolverse al final del presente siglo?

Ya he mencionado algunas cuestiones pendientes, pero incluso una lista de problemas restringida a aquellos que pueden definirse con precisión sería impracticablemente larga. Me limitaré, pues, a ofrecer dos ejemplos extraídos del corazón de mi propia especialidad: un problema científico de gran impacto social y un problema social de gran impacto sobre la ciencia.

Un problema aún no resuelto a pesar de haber sido objeto de una investigación intensiva es el SIDA. ¿Qué es el SIDA? La palabra es un acrónimo de síndrome de inmunodeficiencia adquirida. La enfermedad es iniciada por un virus o, dicho con más cautela, está causalmente ligada a una infección vírica. La cuestión de si el virus es necesario y suficiente para la declaración de la enfermedad está siendo objeto de un vigoroso debate. Se conocen dos subtipos del virus de la inmunodeficiencia humana: el VIH 1 y el VIH 2. A éstos hay que sumar unos cuantos virus simiescos que, aunque no se muestran patógenos con sus huéspedes naturales, sí lo son cuando se transmiten a otras poblaciones de monos.* El Centro Estadounidense para el Control de la Enfermedad ha establecido que, por término medio, pasan diez años entre la infección vírica y la declaración de los primeros síntomas de inmunodeficiencia. Más precisamente, lo que se ha visto es que al cabo de diez años alrededor del 50% de los infectados muestra síntomas que rápidamente derivan en una parálisis total del sistema inmunitario. La enfermedad acaba siendo irremediablemente fatal, principalmente por culpa de alguna infección que en condiciones normales no habría representado un problema. Muchos pacientes mueren de neumonía, precipitada por una bacteria (*Mycobacterium tuberculosis*) presente en estado de latencia en una de cada dos personas. Durante el periodo asintomático, la población del virus en el organismo es muy pequeña. El huésped produce anticuerpos en gran cantidad, lo que permite detectar la presencia del virus en las pruebas del SIDA. En Estados Unidos, el número

---

* Investigaciones recientes han demostrado que la infección procede de los chimpancés africanos. (*N. del T.*)

de casos de SIDA registrados asciende ya a más de 100 000. A escala mundial, se estima que hay cerca de 10 millones de personas infectadas, con una máxima incidencia en África central y occidental y en el sudeste asiático. No se conoce una terapia duradera.

¿Cuál es la procedencia del SIDA? ¿Qué antigüedad tiene el virus? ¿Cuándo se introdujo en las poblaciones humanas? Para responder estas preguntas se han propuesto las hipótesis más descabelladas. La última afirma que el virus fue «ensamblado» en un laboratorio militar estadounidense y escapó accidentalmente a la ecosfera. Esto es una pura insensatez. Los análisis de la secuencia de genes de este virus revelan su historia evolutiva, o al menos la acotan cuantitativamente. Y éstos son los resultados:

- Los dos subtipos humanos, VIH 1 y VIH 2, y los virus simiescos conocidos tienen un ancestro común que se remonta a unos 1000 años atrás.
- Todas las secuencias de los VIH y VIS (virus de la inmunodeficiencia en simios) exhiben posiciones complementarias (cerca del 20%) y claras homologías con otros retrovirus de mamíferos, lo que indica que el VIH patógeno es la progenie de una antigua familia vírica cuyo origen se remonta a muchos millones de años.
- La mayoría de las posiciones variables tiene un periodo de sustitución medio de unos 1000 años. El comportamiento de los retrovirus, en particular su patogenicidad, puede cambiar radicalmente en ese tiempo. De esta forma surgen pestes como el SIDA, que pueden demostrarse más patógenas para unas especies que para otras.
- Una proporción menor (alrededor del 10%) de las posiciones resultan ser hipervariables, con un periodo de sustitución medio de unos 30 años. Esto basta para generar un enorme número de combinaciones distintas, lo que conlleva la aparición recurrente de mutantes esquivos que no son suprimidos por el sistema inmunitario. Esto

acaba agotando la defensa inmunitaria y probablemente es la razón principal de la patogenicidad del virus.

- Con toda seguridad, el virus del SIDA no irrumpió en Norteamérica, Europa o Japón antes de los años sesenta. Formas africanas emparentadas podrían datar del siglo pasado. Durante los últimos cien años se aprecian transmisiones horizontales entre monos y seres humanos. El foco del VIH 1 se localiza en el África central, y el del VIH 2 en el África occidental; ambas formas se separaron hace cientos de años.

La alta patogenicidad del VIH obedece a tres causas:

1. El genoma del VIH, como el de todos los retrovirus, se integra en el programa genético de la célula huésped. Una vez infectada, la célula ya no puede desembarazarse de la información vírica; lo más que puede hacer es suprimir su expresión.
2. El blanco del virus es el sistema inmunitario mismo, cuyo centro de control queda paralizado.
3. En razón de su alta tasa de mutación (que, dicho sea de paso, se encuentra justo en el umbral de error) el virus consiste en un vasto espectro de mutantes con numerosas variantes que escapan a la defensa inmunitaria.

El virus evoluciona incesantemente bajo la presión selectiva ejercida por el sistema inmunitario del huésped. Al final, el individuo infectado se encuentra desprotegido frente a parásitos normalmente inofensivos.

La dificultad en la lucha contra el virus reside en su enorme potencial adaptativo. Su elevada tasa de mutación le permite eludir los mecanismos de defensa del huésped. Conocida la estrategia de supervivencia del virus, hay perspectivas de hallar una estrategia antivírica efectiva. Para buscarla tendremos que recurrir a la tecnología genética y a la experimentación con animales. Sea cual sea nuestra postura sobre estos temas, la realidad es que hay 10 millones de personas infectadas por el VIH, la mayoría de las cuales habrá desarrollado el SIDA hacia el cambio de siglo. Muy pocos sobrevivirán, a menos que para entonces hayamos encontrado una terapia efectiva.

Mi segundo problema tiene justamente la polaridad inversa: de la sociedad a la ciencia. Desde hace unos años existe en Alemania una ley genética que es, sin lugar a dudas, la más severa del mundo. Esta ley ya ha comenzado a paralizar la investigación y el desarrollo industrial. A pesar de que hasta ahora no se ha registrado ningún infortunio o accidente serio en ninguna parte del planeta, proposiciones recientes van aún más lejos, hasta el punto de exigir la demostración previa de la absoluta seguridad de un procedimiento. Ahora bien, ¿qué significa «seguridad absoluta»? Ahora mismo, antes de la aplicación de cualquier procedimiento se efectúan todas las comprobaciones concebibles y se observa un largo periodo de pruebas. Se está demandando la exclusión de cosas todavía por conocer. Esto paralizaría por completo la investigación y, en consecuencia, haría imposible el desarrollo de nuevos medicamentos. (Las proposiciones de ley para la protección animal van también en esta dirección.) Daré un ejemplo. Antes de los años sesenta, la poliomelitis era una plaga terrible en nuestras latitudes. La enfermedad se manifestaba tanto aisladamente como en forma epidémica, causando multitud de víctimas y discapacidades permanentes. Sólo en el año 1950 se registraron 30 000 casos en Estados Unidos. Hoy la enfermedad está prácticamente erradicada gracias a un riguroso programa de vacunación profiláctica. Sólo en los países en vías de desarrollo, y principalmente por culpa de programas de inoculación inadecuados, la poliomelitis sigue siendo un problema serio. El agente patógeno es un virus, el llamado picornavirus. En la actualidad hay dos vacunas, una (vacuna de Salk) que usa virus muertos y otra (vacuna de Sabin) que usa un virus «atenuado», es decir, un mutante no patógeno que sin embargo provoca una reacción inmune más potente que la provocada por los virus muertos. Es fundamentalmente esta vacuna dispensable por vía oral, de fácil uso y gran efectividad, lo que ha permitido erradicar prácticamente el virus de la polio en el mundo occidental. Ocasionalmente se dan brotes de la enfermedad, pero su curso es relativamente leve.

Todo esto estaba muy bien. Sin embargo, cuando hace pocos años se conoció la secuencia de ARN de una de las vacunas de Sabin (el tipo B), ésta reveló algo inesperado: era esencialmente el resultado de dos errores puntuales en la secuencia de la variante patógena original. Un mutante así puede revertir al tipo salvaje en 48 horas. Por lo visto, este periodo es un margen suficiente para que se inicie una respuesta inmunitaria efectiva. Dado que las mutaciones son sucesos aleatorios, de vez en cuando pueden darse reversiones más rápidas, lo que podría explicar los casos aislados de la enfermedad. En el caso del SIDA, un programa de vacunación así desencadenaría una desastrosa epidemia.

¿Cuál es la diferencia entre el virus de la polio y el del SIDA? Los genomas de ambos consisten en una molécula de ARN sencilla. Sus tasas de mutación demuestran ser del mismo orden. Valiéndonos de un nuevo método de análisis secuencial comparativo (la llamada geometría estadística) descubrimos que hay una gran heterogeneidad en la fijación de las mutaciones según su localización dentro del gen que codifica las proteínas superficiales del virus. Cada elemento de proteína está determinado por un codón que abarca tres posiciones. Las dos primeras determinan el aminoácido específico que será incorporado en la traducción, mientras que los cambios en la última posición suelen dar sinónimos que no alteran la secuencia de aminoácidos de la proteína traducida. En lo que respecta al virus del SIDA, las tres posiciones de un codón mutan a una tasa igualmente alta, lo que crea un amplio espectro de moléculas proteicas (algunas de las cuales escapan a la respuesta inmunitaria). En el caso del virus de la polio, en cambio, las mutaciones de las dos primeras posiciones casi nunca se fijan. Virtualmente todos los mutantes de amplia difusión identificados difieren sólo en las terceras posiciones codónicas, mientras que las primeras y segundas posiciones permanecen prácticamente invariables. Esto significa que las proteínas superficiales del virus de la polio apenas cambian, y por lo tanto no hay mutantes esquivos. El sistema inmunitario puede «echarles el ojo», es decir, crear a tiempo una defensa inmunológica efectiva.

Ahora viene la moraleja de la historia: de haberse sabido que el virus atenuado era tan parecido al tipo salvaje patógeno, seguramente el uso de una vacuna como esa habría suscitado los mayores escrúpulos. De acuerdo con el estado de opinión vigente, es seguro que habría sido vetada, porque hoy es corriente producir tales mutantes mediante mutagénesis dirigida (es decir, ingeniería genética). Uno estaría «poniendo en circulación un agente patógeno manipulado». En nuestro estado actual de conocimientos, no podríamos excluir un riesgo que de hecho es real, como lo demuestran los casos puntuales de la enfermedad tras la vacunación oral. Cuando se introdujo la vacuna de Sabin no se sabía nada de todo esto. Uno procedía, con toda legitimidad, ensayando empíricamente el virus atenuado. Entonces no había ninguna otra alternativa.

Ahora bien, un mutante obtenido por ingeniería genética no se diferencia en nada de uno surgido espontáneamente. En un caso nosotros manipulamos y *sabemos lo que pasa*. En el otro es la naturaleza la que manipula y no sabemos lo que resulta, sólo podemos hacer ensayos empíricos. Un método es etiquetado de diabólico mientras que el otro es aceptado como natural, aunque siempre es más fácil controlar un riesgo mediante la acción consciente que a base de chapucería inconsciente. Leyendo el texto de la ley alemana uno se encuentra repetidamente con esta insensatez. Se pretende excluir cualquier riesgo al 100% pero, a la vez, se aceptan otros imponderables sin siquiera considerarlos. Por ejemplo, la investigación que podría servir un día para salvaguardarnos se suprime por completo. En el caso de la polio, es seguro que se habría rehuido la vía no exenta de riesgo de la manipulación genética, lo que *de facto* habría representado la muerte de muchos niños. La vacuna de Sabin los salvó por una confianza ciega en la naturaleza que propició la aceptación inconsciente del riesgo inherente.

En este contexto hay que preguntarse hasta qué punto la mayoría indiferente de la sociedad debería ceder ante los argumentos ideológicos de una minoría emotiva en contra de la opinión de los expertos. ¿Dónde está la libertad de investigación garantizada por la constitución alemana? Con esto no pretendo decir que no deba haber restricciones en absoluto. Ni se puede aplicar todo lo que se sabe ni se debe hacer todo lo que se puede. Si no es racionalmente, ¿cómo se pueden tomar decisiones? En el caso de Hiroshima no hubo la suficiente sensatez militar y política, y en el caso de Chernobyl faltó el buen juicio técnico. El conocimiento no puede estar «enclaustrado». Tenemos que aprender a vivir con él. Para ello se requiere una estructura legal sensata y vinculante a escala *internacional*. Por encima de esto está el deber ético de emplear el conocimiento disponible para beneficio de la humanidad, ya reduciendo el sufrimiento individual ya asegurando la salud y buena nutrición de la población mundial. Volvamos al cuadro del futuro de la humanidad que he descrito en la introducción. Una producción alimentaria sostenida capaz de mantener una población de miles de millones de personas y respetuosa con el medio ambiente, junto con una sanidad pública adecuada a tales «masas humanas», son cosas que requieren la aplicación de todos los conocimientos disponibles. Esto incluye la producción de nuevos organismos genéticamente manipulados para uso alimentario, así como el empleo de la tecnología nuclear para la generación de electricidad.

El futuro: el estudio de la humanidad es ¡el hombre!

Vivimos en una sociedad a la que le asusta el riesgo, hasta el punto de cerrar puertas a la ciencia, en especial la investigación básica. No me sorprendería ver un día en la ventanilla trasera de un coche vomitando gases de escape azulgrisáceos un adhesivo con la leyenda: «Investigación básica, no gracias». Las actitudes de algunos miembros del movimiento por los derechos de los animales están en esta línea. Los que se oponen a la energía atómica consumen con fruición la electricidad que fluye por las tomas de corriente de sus casas. No podemos hacer nada útil sin asumir riesgos. Dejar de hacer algo puede ser un mal mayor a largo plazo. Debemos aprender a sopesar los pros y los contras, y los lemas propagandísticos no sirven demasiado para esto.

En el futuro la investigación biológica deberá afrontar problemas crecientes de evaluación de riesgos, delimitación de responsabilidades y debate ético. Porque el objeto central de la investigación biológica es el hombre y su entorno, y aquí «su» quiere decir relativo al hombre. En consecuencia, los resultados de la investigación son relevantes para todo el mundo.

No tengo intención de escribir una crónica del siglo que viene, y menos aún del próximo milenio. De acuerdo con Friedrich Dürrenmatt, sólo se llega a una solución total de los problemas «cuando uno ha imaginado el peor curso posible de los acontecimientos». Los futurólogos, es cierto, tienden a pintar sólo la posibilidad de color más rosa.

Podremos explorar la naturaleza genética del hombre mucho mejor de lo que nunca hemos soñado, pues dispondremos de máquinas que serán capaces de leer los 3000 millones de letras de la herencia humana en un mes. Esto permitirá, en particular, hacer estudios comparativos. Asimismo, determinaremos la secuencia genética de muchas otras formas de vida, lo que nos permitirá desentrañar nuestros propios orígenes evolutivos. Sondearemos el cerebro humano y construiremos computadores que superarán con mucho al cerebro en tareas concretas. No creo que lleguemos a poseer nunca un computador que se acerque siquiera al cerebro en todas sus capacidades, pero la conjunción cerebro-computador exhibirá capacidades «sobrehumanas». No seremos capaces de cristalizar un homúnculo, pero los robots serán dotados de poderes hasta ahora exclusivos del dominio biológico. El que llamemos a esto «vida artificial» o no es sólo cuestión de gustos. Podremos curar el cáncer, porque estamos desentrañando sus causas. En cuanto a las cardiopatías, estaremos en condiciones de hacer un diagnóstico más precoz que permita una asistencia médica a tiempo. Sin embargo, a largo plazo será irrelevante de qué enfermedad muramos, porque ni siquiera en un futuro lejano espero que nuestra edad supere en mucho los 100 años. La idea de unas ciudades del futuro encerradas en una campana gigante de vidrio conteniendo una atmósfera artificial no debe en realidad preocuparnos, pero sí deberíamos preguntarnos de dónde sacaremos toda la energía que necesitaremos para mantener una economía reciclante. El mantenimiento de la limpieza del aire y el agua conlleva una elevada producción de entropía. De ahí que sea esencial una provisión oportuna para el futuro.

Es cierto que habrá muchos nuevos descubrimientos e invenciones que, ahora mismo, desafían nuestra imaginación. Sólo por eso, cualquier previsión detallada del futuro estará necesariamente equivocada. Estamos en la misma posición en que se habría encontrado Carlomagno si sus contemporáneos le hubieran preguntado sobre el mundo del siglo xx. A pesar de ello, un pronóstico es razonablemente seguro: que el devenir del género humano sea el peor o el mejor posible dependerá de que la humanidad finalmente aprenda lo que no ha sido capaz de aprender en los cinco milenios de su historia cultural, es decir, a actuar de manera racional y sensata en interés propio y establecer normas de conducta bien definidas. Esto último es análogo a un programa genético y debe ser vinculante para todos.

El hombre se encuentra en el peldaño más alto de la escalera evolutiva. No digo esto porque sea incapaz de imaginar una criatura más perfecta, sino porque con nuestra especie la evolución se ha encaramado a una nueva plataforma, no accesible a ningún otro organismo, desde la cual está obligada a proceder de una manera radicalmente nueva. Al operar sobre la base de la selección, la evolución requiere la continua reproducción mutagénica de la información impresa en nuestros genes. Con la formación de estructuras y redes celulares se abrieron nuevas avenidas de comunicación intercelular, mediada al principio por señales químicas captadas por receptores específicos y últimamente por señales eléctricas que son recibidas por las sinapsis y retransmitidas a la célula siguiente. De este modo pudo desarrollarse un comportamiento general correlacionado del sistema celular diferenciado, preprogramado en el genoma sólo de forma esquemática. Es la selección la que asegura que este esquema opere para beneficio del organismo entero, lo cual es incompatible con la idea de células u órganos individuales en mutuo enfrentamiento. Un antagonismo de esta clase sólo puede tomar la forma de enfermedad degenerativa, como el cáncer. En el sistema nervioso central, esta comunicación intercelular ha derivado en un lenguaje interno que controla nuestra conducta, emociones, disposición y sentimientos. Incluso esta facultad ha quedado genéticamente anclada y ha sido objeto de selección. Así fue como surgió el hombre en el curso de la evolución. Este comportamiento genéticamente programado, individualista y específico es inherentemente egoísta, y se basa en la competencia y la autoafirmación. Cuando adopta una apariencia altruista es porque a largo plazo actúa en beneficio de la especie o clan, lo cual, a su vez, tiene un efecto de algún modo ventajoso sobre el individuo.

De este modo el hombre ha desarrollado una facultad específica que le diferencia de los otros primates y le permite formalizar el lenguaje interno codificado primariamente en forma de descargas neuronales. Esta formalización no sólo facilitó la comunicación entre los miembros de la especie; también estableció la base de nuestra capacidad para pensar, para registrar resultados beneficiosos y para legarlos a las siguientes generaciones poniéndolos por escrito. Esto implica un nuevo plano de transferencia de información, similar al plano primario de la información genética que aportó una cualidad totalmente nueva a la química. En el plano de la mente humana puede verificarse una nueva modalidad evolutiva: la evolución cultural de la humanidad.

Sin embargo, aquí reside el problema clave. La humanidad no es como un organismo pluricelular en el que cada célula individual se debe por ley genética al bien común de la colectividad celular. La información cultural no es heredada por el individuo, como tampoco lo es la conducta socialmente aceptable. Después de milenios de evolución cultural, la gente sigue haciéndose la guerra, y con la misma crueldad de siempre. Nos engañamos a nosotros mismos si creemos que la conducta socialmente aceptable es algo natural y que la conducta asocial, por el contrario, es patológica. Esto es la norma sólo en el sentido del término latino original, que significa ley o regulación.

Nos encontramos ante un auténtico dilema, pues todos los intentos previos de sujetar la libertad individual a un dictado colectivo, de degradar al individuo a la condición de célula sin voluntad en un todo orgánico controlado de manera centralizada, han acabado resultando socialmente perjudiciales a largo plazo e incluso han conducido a la aniquilación de grupos humanos. Estos experimentos han fallado en parte porque el nuevo organismo no era el conjunto de la humanidad, sino sólo un sector con intereses concretos que a menudo violaban los derechos humanos básicos, y han fallado en parte porque las «células conductoras», las «células cerebrales» de este magno organismo, han sido casi siempre lunáticos obsesivos o egoístas, interesados antes que nada por ejercer el poder. El resultado ha sido un sufrimiento incomparable.

Las ideologías no pueden reemplazar la razón. Todos los grupos políticos que apelan a la disciplina de partido deberían tener esto en cuenta. Naturalmente, los ideales que defienden tienen una base válida, llámense socialistas (¿quién no está a favor de una conciencia social?), verdes (¿quién no quiere un medio ambiente limpio?) o cristianos (¿quién desea un mundo sin misericordia ni caridad?). Esto vale también para quienes quieren poner la libertad del individuo por encima de todo lo demás. Cada uno de estos motivos, elevado él solo al pedestal de una doctrina, atenta contra nuestro sentido común, en el que, dicho sea de paso, no sólo está implicado nuestro intelecto, sino también nuestro sistema límbico con sus sentimientos y emociones. Ni aun en el futuro podremos delegar nuestro juicio en un computador.

Una mirada al estado actual del mundo no invita al optimismo. La primera mitad de este siglo nos ha reportado dos de las guerras más espantosas. ¿Qué lecciones hemos aprendido? Nada cambiará si no basamos nuestras decisiones en la razón, aceptando la humanidad como un imperativo moral. El futuro del género humano no se decidirá al nivel genético. Necesitamos un sistema ético que sea vinculante para todo el mundo. Aquí es donde la evolución, una evolución que va del individuo a la humanidad, aguarda su consumación.

3
«¿Qué es la vida?» como problema histórico
Stephen Jay Gould

I. «¿Qué es la vida?» como manifiesto moderno

Las verdades obvias pueden resultar sumamente difíciles de definir (como lo ejemplifica la famosa réplica de Louis Armstrong a un admirador que, con toda ingenuidad, le había preguntado qué era el jazz: «Mira, si tienes que preguntarlo es que nunca lo sabrás»). De forma similar, es innegable que *¿Qué es la vida?* de Erwin Schrödinger es uno de los libros más importantes en la biología del siglo XX, pero las razones de su gran influencia parecen singularmente esquivas. La brevedad puede ser el alma del ingenio (como dijo el viejo charlatán Polonio), y las obras cortas son raras bendiciones en una profesión donde demasiado a menudo las publicaciones se valoran por el volumen de texto. Pero, en sus noventa páginas, *¿Qué es la vida?* da un poco la impresión de ser demasiado magro y elíptico para tener tanto peso intelectual (aunque, en un sentido despiadadamente práctico, tal brevedad quizá defina la diferencia esencial entre atención y olvido en una profesión dominada por hacedores antes que lectores). Por ejemplo, creo que podemos dar una respuesta fiable (aunque necesariamente conjetural) a un viejo problema de «historia ficción»: ¿en qué habría cambiado la historia de la ciencia si Wallace nunca hubiese nacido y Darwin hubiese completado la obra de muchos volúmenes que tenía en mente en vez del apresurado «resumen» conocido como *El origen de las especies?* Dado que el mundo intelectual estaba claramente predispuesto a aceptar la evolución, la respuesta debe ser: en nada, solo que Darwin habría tenido el mismo impacto con muchos menos lectores de su libro. Es más, buena parte del fundamento intelectual de *¿Qué es la vida?* (la explicación primitiva de Delbrück de la estabilidad del gen) es de hecho incorrecto (véase Crow, 1992, pág. 238). ¿Por qué, entonces, estamos celebrando justamente este cincuentenario?

En primer lugar, no puede negarse la importancia seminal que tuvo para tantos de los fundadores de la moderna biología molecular. Jim Watson reconoce que el libro de Schrödinger tuvo una influencia decisiva en su determinación de estudiar la estructura del gen (véase Judson, 1979). Francis Crick reconoce una influencia similar, pero como tantos otros se muestra un tanto desconcertado: «Es un libro escrito por un físico que no sabe nada de química. Pero... sugería que los problemas biológicos podían tratarse en términos físicos, y así daba la impresión de que había cosas apasionantes en este campo que no quedaban tan lejos» (citado en Judson, 1979, pág. 109). En relación con esto, consideremos un reciente comentario de Jim Crow (1992, pág. 238): «Junto con Gunther Stent, no sé por qué el libro tuvo tanto impacto, pero sí sé lo que más me impresionó en su momento».

Crow ofrece a continuación un excelente epítome de las principales propuestas e intuiciones del libro (la segunda razón de su influencia):

«Quizá fuese su caracterización del gen como un "cristal aperiódico". Quizá fuese su visión del cromosoma como un mensaje escrito en clave. Quizá fuese su afirmación de que la vida "se alimenta de entropía negativa". Quizá fuese su idea de que la indeterminación cuántica al nivel genético se convierte, mediante multiplicación celular, en determinación molar. Quizá fuese su énfasis en la estabilidad del gen y su facultad de perpetuar el orden. Quizá fuese su fe en que las obvias dificultades para la interpretación de la vida mediante

42

principios físicos no implicaban la necesidad de ninguna ley superfísica, aunque posiblemente sí alguna nueva ley física».

No deseo denigrar esta oportuna conmemoración poniendo en duda la importancia de *¿Qué es la vida?*, pero sí quiero sugerir que la pretensión de Schrödinger de una universalidad casi autoevidente en su aproximación a la biología es lógicamente desmesurada y, como producto de su tiempo, está socialmente condicionada. Es más, estas limitaciones pueden ayudarnos a comprender por qué una amplia subcomunidad de biólogos, incluidos mis propios *confrères* paleontólogos y evolucionistas, no se ha dejado influir e impresionar tanto por los argumentos de Schrödinger, y siguen estando convencidos de que la respuesta al problema de la vida requiere la consideración de más cosas de las que se apuntan en la filosofía del físico austriaco.

Schrödinger (1944, pág. vii) comienza su prefacio identificando la unificación como la incuestionable meta soñada de la ciencia:

«Hemos heredado de nuestros antepasados el anhelo profundo de un conocimiento unificado y universal. El mismo nombre dado a las más altas instituciones de enseñanza nos recuerda que, desde la Antigüedad y a través de los siglos, el aspecto *universal* de la ciencia ha sido el único que ha merecido un crédito absoluto ... Sentimos con claridad que sólo ahora estamos empezando a adquirir material de confianza para soldar en un todo indiviso la suma de los conocimientos actuales».

Schrödinger presenta esta meta de unificación como el anhelo indiscutible, casi lógicamente necesario, de todos los científicos de todas las épocas. Pero esto no es así. La unificación era una meta definida de un movimiento explícito inserto en las circunstancias sociales concretas del joven Schrödinger, y expresión de las esperanzas de universalidad racional tras la carnicería nacionalista de la primera guerra mundial. Cuando advertimos el carácter socialmente contingente de esta fe cardinal en la unificación, podemos entender por qué la respuesta de Schrödinger a la pregunta «¿qué es la vida?» carece de generalidad y debe contemplarse como un producto transitorio de una fase de la historia del siglo xx.

El autodenominado «movimiento pro unidad de la ciencia» surgió como un aspecto capital del positivismo lógico, desarrollado por la escuela filosófica de Viena en los años veinte. Asociado primariamente con Rudolf Carnap y Otto Neurath, líderes ambos del *Wiener Kreis*, el movimiento pro unidad de la ciencia sostenía que todas las ciencias comparten el mismo lenguaje, leyes y métodos, y que no existen diferencias fundamentales entre las ciencias físicas y las ciencias biológicas, o (ya puestos) entre las ciencias naturales y las ciencias propiamente sociales.

El movimiento pro unidad de la ciencia tuvo una gran influencia en la biología, un campo previamente considerado por muchos como demasiado idiosincrático o descriptivo para caber bajo el paraguas de una teoría científica generalizada (véase Smocovitis, 1992, sobre el papel de esta doctrina en la síntesis evolucionista de los años treinta y cuarenta). Schrödinger ocupaba una posición ideal para trasladar las metas de este movimiento a la biología. Había nacido y crecido en Viena, y había estudiado en la universidad de aquella ciudad. Había ganado un premio Nobel de física (la ciencia «focal» o «de más alto nivel», hacia la cual convergerían las demás en la visión fundamentalmente reduccionista del movimiento pro unidad de la ciencia y del positivismo lógico en general). ¿Cómo no iba Schrödinger a fundamentar su libro en la búsqueda de una unificación basada en las leyes de la física?

Si la creencia de Schrödinger en la unificación reductora emanaba del movimiento pro unidad de la ciencia, la base filosófica de este movimiento también se entronca con una fuerza cultural aún mayor conocida después como «movimiento moderno», que ejerció una profunda influencia en campos como el arte, la literatura y la arquitectura. El movimiento moderno perseguía por encima de todo la reducción, la simplificación, la abstracción y el universalismo. En manos de un maestro como el arquitecto Mies van der Rohe, los edificios modernos (de «estilo internacional», llamado así por su vocación universalista) pueden resultar elegantes y poderosos; pero los miles de chapuzas trilladas que hoy castigan y deterioran por doquier nuestro planeta son el azote de las ciudades tercermundistas y la antítesis del regionalismo legítimo.

¿Qué es la vida? ha sido contemplado a menudo como un discurso clásico sobre la lógica inmutable de la ciencia. Yo sugiero una lectura opuesta como documento social representativo de las aspiraciones del «movimiento pro unidad de la ciencia», expresión a su vez de una visión del mundo más amplia propia del «movimiento moderno». Como tal, la debilidad y la fuerza del libro de Schrödinger están ligadas a la debilidad y la fuerza del movimiento moderno en general. Puedo aplaudir buena parte del espíritu moderno, en especial su optimismo y su compromiso con la inteligibilidad mutua basada en la unidad de principios. Pero también deploro su énfasis en la estandarización dentro de un mundo tan bellamente diverso; y rechazo el reduccionismo que subyace tras su búsqueda de leyes generales lo más abstractas posible.

En nuestra generación, el reconocimiento general de las deficiencias sociales del movimiento moderno (en particular su tendencia a primar la hegemonía de unos usos sobre otros igualmente legítimos) ha engendrado un contramovimiento que ha recibido el nombre (no demasiado imaginativo) de «posmodernismo». Aunque buena parte del posmodernismo me parece francamente deplorable (desde el desatino en arquitectura a la opacidad en literatura), y aunque las «mejoras» del posmodernismo no deben contemplarse como verdades superiores, sino como signos de nuestros propios tiempos (igual que el movimiento moderno lo fue de otra época), considero enormemente valioso el rechazo general posmodernista de la búsqueda de soluciones simples y abstractas. Aplaudo en particular el énfasis posmodernista en la vertiente lúdica y el pluralismo, su aprobación de la irreductible importancia de los detalles locales, y su convicción de que, aunque la verdad en sí pueda ser unitaria (muchos posmodernistas también negarían esto, pero yo me desmarco de esta tendencia nihilista), nuestras aproximaciones válidas a ella pueden ser tan múltiples como nuestros modos de ver socialmente encuadrados. Un posmodernista daría poco crédito a cualquier respuesta unitaria al problema de la vida, y menos a una respuesta como la de Schrödinger, enraizada en el meollo característico del movimiento moderno, que persigue la reducción a las partículas constituyentes básicas.

Resumiendo, veo en las carencias del libro de Schrödinger la expresión de problemas generales relativos a la filosofía moderna que impregna la obra. Aun así, mucho de lo que se dice en él me parece admirable. Como evolucionista dedicado al estudio de organismos completos y sus historias, no me parece que la respuesta de Schrödinger sea incorrecta, pero sí penosamente parcial, ya que apenas toca algunas de las cuestiones más profundas dentro de mi campo.

Difícilmente podría proponerse una forma de reduccionismo más simpática y conciliadora que el argumento presentado por Schrödinger como «centro de mesa» de *¿Qué es la vida?*, porque se aparta de la vieja y arrogante afirmación newtoniana de que los seres biológicos son «solamente» objetos físicos altamente complejos, y por lo tanto reducibles en última instancia a los conceptos convencionales de la reina de las ciencias. Schrödinger admite que los objetos biológicos son diferentes y únicos, explicables en última instancia mediante principios físicos, pero no necesariamente los que ya conocemos. Por lo tanto, la biología aportará tanto a la física (proveyendo material que llevará al descubrimiento de estas leyes desconocidas) como la física a la biología cuando finalmente ofrezca una explicación unificada de la vida:

«De la descripción general de Delbrück del material hereditario resulta que la materia viva, si bien no elude las "leyes de la física" tal como están establecidas hasta la fecha, probablemente implica "otras leyes físicas" desconocidas por ahora, las cuales, una vez descubiertas, formarán una parte tan integral de esta ciencia como las anteriores». (Schrödinger, 1944, pág. 69.)

Schrödinger intenta luego deducir la naturaleza del material hereditario a partir del hecho de que no puede operar según leyes físicas conocidas aplicables a las partículas mínimas de la materia no viva:

«A partir de todo lo que hemos aprendido sobre la estructura de la materia viva, debemos estar dispuestos a encontrar que funciona de una manera que no puede reducirse a las leyes ordinarias de la física. Y esto no se debe a que exista una "nueva fuerza", o algo por el estilo, que dirija el comportamiento de cada uno de los átomos de un organismo vivo, sino a que su constitución es diferente de todo lo que hasta ahora se ha venido experimentando en un laboratorio de física» (Schrödinger, 1944, pág. 76).

En su nuevo mundo cuántico, el «mecanismo de probabilidades» de la física (Schrödinger, 1944, pág. 79) crea orden macroscópico a partir del desorden molecular: «Nuestra preciosa teoría estadística, de la que estuvimos tan justamente orgullosos porque nos permitía echar una mirada detrás del telón para contemplar el magnífico orden de las leyes físicas exactas procedente del desorden atómico y molecular» (Schrödinger, 1944, pág. 80). La complejidad del material hereditario requerirá un nuevo principio de orden a partir del orden:

«El orden encontrado en el desarrollo de la vida procede de una fuente diferente. Según esto, parece que existen dos "mecanismos" distintos por medio de los cuales pueden producirse acontecimientos ordenados: el "mecanismo estadístico", que produce "orden a partir del desorden", y otro nuevo que produce "orden a partir del orden". Para una mente sin prejuicios, el segundo principio parece mucho más simple, mucho más lógico. Y sin duda lo es. Por eso los físicos están tan satisfechos de haber dado con el otro, el principio del "orden a partir del desorden", que es el que sigue la Naturaleza... Pero no podemos esperar que las "leyes de la física" derivadas del mismo basten para explicar el comportamiento de la materia viva, cuyos rasgos más fascinantes están visiblemente basados en el principio del "orden a partir del orden". No podría esperarse que dos mecanismos enteramente diferentes pudieran producir el mismo tipo de ley, como tampoco se esperaría que la llave de nuestra casa abriera también la puerta del vecino» (Schrödinger, 1944, pág. 80).

Estos argumentos conducen a la inferencia más famosa de Schrödinger, responsable principal de la influencia histórica de su pequeño libro: el concepto del gen como «cristal aperiódico».

II. «¿Qué es la vida?» como cuestión plural

Un problema de título

Considerando el contexto que acabo de exponer, confío en que no se me tachará de criticón o frívolo si afirmo que mi mayor problema con *¿Qué es la vida?* reside en la pretensión implícita en su título. En la primera página, Schrödinger formula de entrada la pregunta que su libro intentará responder:

«El problema vasto, importante y muy discutido es éste: ¿cómo pueden la física y la química dar cuenta de los fenó-

menos espaciotemporales que tienen lugar dentro de los
límites espaciales de un organismo vivo?» (Schrödinger,
1944, pág. 1).

(Esta formulación establece un marco al menos tan amplio como una criatura viva, pero la discusión que sigue se
centra casi exclusivamente en la naturaleza física del material hereditario.)

En pocas palabras, Schrödinger argumenta, en el espíritu
del movimietno reduccionista moderno, que tendremos la
respuesta al problema de la vida cuando conozcamos de qué
están hechos los elementos de la herencia y su modo de operación universal. No niego el valor inestimable del conocimiento de la naturaleza y construcción del material genético.
Ahora bien, ¿proporciona este conocimiento una respuesta
adecuada al problema de la vida? ¿Acaso no hay más, mucho
más, que incluir en cualquier concepción razonable del
tema? Como paleontólogo, debo rechazar la estrecha formulación de Schrödinger, porque aceptarla convierte mi disciplina en algo irrelevante o, en el mejor de los casos, enteramente subsidiario. Si el conocimiento de la naturaleza física
del material hereditario soluciona el problema de la vida,
¿por qué entonces mis colegas profesionales se afanan en reconstruir la historia filética en una escala de miles de millones de años? En el mejor de los casos, la Tierra sería sólo un
escenario para la documentación de detalles de una historia
especificada por una teoría desarrollada enteramente a partir
del conocimiento de la naturaleza de la materia constituyente
en sus elementos básicos. En esta visión, los paleontólogos
no tienen teoría que desarrollar a partir de su macromundo,
nada que aportar a una respuesta completa al problema de la
vida. Sólo podemos documentar unos hechos consumados, y
tal actividad deviene trivial si de ella no puede derivarse ninguna propuesta teórica.

¿Qué es la vida, pues, más allá del funcionamiento de sus piezas elementales? ¿Por qué llegamos a creer que podríamos responder adecuadamente una pregunta de tan largo alcance dentro de un dominio tan restringido? (¿Y por qué tantos de nosotros nos sentimos satisfechos con respuestas parciales como la de Schrödinger?) En parte, la culpa hay que echársela a una serie de tradiciones y factores sociales externos a la paleontología y otras subdisciplinas biológicas que tratan con organismos completos. La envidia de la física hizo que las proclamaciones de grandes científicos en este campo, y más tratándose de premios Nobel (porque nuestras disciplinas no están reconocidas por un premio de ese calibre), fuesen objeto de especial respeto (y, en gran medida, inmunes a la crítica). La popularidad del movimiento moderno dio nuevos bríos al viejo y debilitado reduccionismo. La baja autoestima dentro de nuestra propia disciplina (otra consecuencia del reduccionismo y la envidia de la física) nos hizo más receptivos a los gurús de fuera.

Otro conjunto de factores surge de nuestras propias tradiciones y formas convencionales de explicación (y, por lo tanto, sólo nosotros debemos culparnos por haber aceptado tan a la ligera el reduccionismo y haber desechado nuestros propios fenómenos como fuente de teoría para una respuesta completa al problema de la vida). El propio darwinismo clásico no sólo acepta, sino que promulga activamente un estilo de pensamiento reduccionista que hacía irrelevante el marco geológico aun antes de que la genética molecular ofreciese una versión incluso más dura.

Dos rasgos del darwinismo estricto promueven la reducción del desfile geológico de la historia de la vida a las maquinaciones momentáneas de los organismos, si no directamente a la naturaleza fisicoquímica del material genético. Primero, la teoría de la selección natural identifica en el organismo que lucha por el éxito reproductivo un locus unitario de cambio causal (y niega explícitamente un carácter causal activo a cualquier unidad biológica «superior» como la especie o el ecosistema). La belleza y el radicalismo del sistema de Darwin reside principalmente en su negación de los principios organizadores grandiosos (como la acción de Dios en las teorías anteriores) y su atribución de la fenomenología de orden superior (como la armonía de los ecosistemas o el buen diseño de la arquitectura orgánica) a derivaciones de una causalidad de orden inferior.

Segundo, bajo la grandiosa visión uniformista (como predicó tan efectivamente Charles Lyell, el gurú de Darwin) todas las escalas de tiempo, y todas las magnitudes de sucesos, ascienden gradualmente como resultado de adiciones y extrapolaciones de sucesos causales de efecto mínimo momentáneos y observables (el Gran Cañón resulta de la erosión acumulada, grano a grano, durante millones de años; las tendencias evolutivas resultan de la acreción gradual de cambios mínimos, generación tras generación).

Percibimos este gradualismo causal desde las escalas más pequeñas en la propia construcción darwiniana de la selección natural como analogía del proceso observable, a una escala aún menor, de la selección artificial en la domesticación y la agricultura. Si los seres humanos, con un conocimiento tan imperfecto, han provocado cambios en cuestión de siglos, ¿qué no podrá hacer una naturaleza inexorablemente eficiente en un vasto lapso de tiempo?:

«Si el hombre puede producir y ciertamente ha producido un gran resultado con unos medios de selección metódicos e inconscientes, ¿qué no podrá hacer la naturaleza? El hombre sólo puede actuar sobre caracteres externos y visibles: la naturaleza no hace caso de las apariencias... Puede actuar sobre cualquier órgano interno, sobre cualquier asomo de diferencia constitucional, sobre la totalidad de la maquinaria de la vida... ¡Qué fugaces son los anhelos y esfuerzos del hombre! ¡Qué corto es el tiempo! y, en consecuencia, qué pobres serán sus productos en comparación con los acumulados por la naturaleza durante periodos geológicos enteros» (Darwin, 1859, pág. 84).

Es más, el escenario natural extrapola los pequeños hechos cotidianos a la magnitud que se necesite a través del simple expediente de un tiempo lo bastante largo. No necesitamos nuevas fuerzas a mayores escalas, ni catástrofes de proporciones globales. El reduccionismo funciona porque la estructura causal entera que ofrece para la historia tanto de la Tierra como de la vida queda completamente explicitada en sucesos mínimos de momentos observables.

Esta creencia en la uniformidad causal estableció un credo gradualista responsable de una serie de falacias en nuestra manera de entender la historia natural, desde iconografías confortadoras (véase Gould, 1989) de la historia de la vida como escalera de progreso (para la morfología) o cono de anchura creciente (para la diversidad) hasta dogmas sobre el curso paulatino del cambio geológico, como lo plasma Davies en su reciente reseña del libro póstumo de Derek Ager sobre neocatastrofismo:

«"¡Fascista!". Entre los políticos callejeros éste es el último improperio izquierdista lanzado como preludio de una acción aún más violenta. "¡Catastrofista!". En mis años jóvenes éste era el último insulto que se podía dedicar a un geólogo que pareciera estar extraviándose fuera del dogma prevaleciente del uniformismo ... Preferíamos creer que lo importante en la geohistoria eran los procesos naturales graduales y a largo plazo ... Los estratos sedimentarios formados en un medio marino se interpretaban como la acumulación paulatina de partículas que se depositaban sobre el lecho marino a lo largo de los eones» (Davies, 1993).

III. «¿Qué es la vida?» como problema jerárquico e histórico

En el espíritu pluralista del posmodernismo, la teoría evolutiva contemporánea se está alejando del reduccionismo restrictivo, tanto del de Schrödinger (se puede solucionar el problema de la vida conociendo la naturaleza física de los elementos constituyentes) como del darwiniano (los procesos y escalas temporales de orden superior pueden explicarse como extrapolaciones causales de procesos que operan sobre los organismos individuales en el presente observable). Dos temas, la jerarquía y la contingencia histórica, nos permiten comprobar que las conclusiones al nivel de Schrödinger o de Darwin proporcionan sólo respuestas parciales al problema de la vida, y que muchas cuestiones vitales y legítimas contenidas en este rompecabezas secular requieren un cuerpo de teoría (no sólo una fenomenología) operativo en, y sólo extraíble de, procesos implicados en las grandes transformaciones evolutivas y macroescalas temporales.

Jerarquía

Dos temas separados, basados en el concepto general de niveles de organización en tiempos y magnitudes, excluyen la posibilidad de una concepción adecuada de la vida a la escala de los genes y su construcción.

Jerarquía en la formulación de una teoría evolutiva de la selección. Los fundadores de la teoría evolutiva moderna siempre reconocieron alguna forma de jerarquía descriptiva (véase Dobzhansky, 1937, y el comentario en Gould, 1982), pero estos científicos en general aceptaban una reducción causal a frecuencias génicas cambiantes dentro de las poblaciones. Las propuestas de una jerarquía causal explícita dentro de la teoría de la selección han inspirado un gran debate desde principios de los setenta. La forma más débil de jerarquía sostiene que los hechos de la macroevolución, aunque plenamente consistentes con la teoría microevolutiva, no serían predecibles a partir de los principios que rigen el micromundo y, por lo tanto, demandan una atención directa a los fenómenos de mayor escala (Stebbins y Ayala, 1981).

La forma más fuerte se aparta de la afirmación darwiniana clave de que los organismos son el locus exclusivo de la selección natural, o del aún más reduccionista argumento de Dawkins (1976) y otros de que los genes pueden servir como «personas» últimas. La teoría jerárquica de la selección natural sostiene que los objetos biológicos a varios niveles ascendentes en una estructura jerárquica inclusiva (entre los cuales destacan genes, organismos y especies) pueden actuar simultáneamente como focos legítimos de selección natural. (Las especies son objetos naturales, no abstracciones, y mantienen todas las propiedades relevantes —individualidad, reproducción y herencia— que permiten a una entidad biológica actuar como unidad de selección.) Si las especies son unidades de selección importantes por derecho propio, y si buena parte de la evolución debe concebirse como un éxito selectivo diferencial de las especies en lugar de una predominancia extrapolada de genes favorecidos en las poblaciones, entonces la pauta evolutiva (un componente importante del problema de la vida) debe estudiarse en la plenitud de la duración de las especies, esto es, directamente en el tiempo geológico (véase Stanley, 1975; Vrba y Gould, 1986; Lloyd y Gould, 1993; Williams, 1992).

El comportamiento planetario. Aun admitiendo que la selección natural pudiese, en principio, producir evolución a todas las escalas por acumulación simple, la Tierra debe comportarse de una manera que permita el proceso gradualista. Si el planeta fuese tan revoltoso que las secuencias de acumulación lenta fueran desencarriladas o reiniciadas por catástrofes ocasionales de gran magnitud, entonces las causas de la pauta general evolutiva son complejas (y el componente atribuible a las raras eventualidades de gran magnitud no puede aprehenderse mediante el estudio uniformista tradicional de sucesos presentes ordinarios).

La virtual confirmación (Krogh *et al.*, 1993) de la hipótesis de Alvarez de un impacto meteorítico como causa de la extinción en masa hacia el final del periodo Cretáceo (Alvarez *et al.*, 1980) ha propiciado una revisión general de tales eventos y la voluntad de admitir un papel importante para los procesos de orden superior en jerarquías de tiempos y magnitudes. Davies (1993) continúa su crítica del uniformismo clásico:

«Ahora todo ha cambiado. Estamos reescribiendo la geohistoria. Allí donde antes veíamos una cinta transportadora lisa, ahora vemos una escalera móvil. Sus escalones representan largos periodos de quietud relativa en los que apenas pasa nada, interrumpidos por episodios de cambio relativamente súbito en los que el paisaje y sus habitantes acceden a un estado nuevo. Hasta los más ortodoxos entre los geólogos modernos invocan ahora oleadas sedimentarias, fases explosivas de evolución orgánica, erupciones volcánicas, colisiones continentales y terribles impactos meteoríticos. Vivimos en una era neocatastrofista».

Consideremos sólo tres ejemplos de fenómenos macroevolutivos, todos ellos objeto de intenso debate en los últimos veinte años, que deben constituir una parte sustancial de cualquier respuesta satisfactoria al problema de la vida, pero no pueden ser adecuadamente explicados a partir del conocimiento de la construcción del material genético o mediante cualquier extrapolación ingeniosa a partir de este micronivel. *(1)* Las tendencias evolutivas en un mundo de equilibrio puntuado (Eldredge y Gould, 1972; Gould y Eldredge, 1993), donde la direccionalidad es resultado del éxito diferencial de subconjuntos sesgados de especies estables dentro de clados y no de la transformación anagenética dentro de linajes, y donde hay un componente sustancial de éxito específico diferencial por selección irreducible al nivel propio de la especie. *(2)* Las extinciones en masa, que son más rápidas (algunas son desencadenadas por catástrofes verdaderas a escalas de instantes a días, cuya acción aniquiladora abarca un periodo corto de siglos o milenios), de efectos más profundos, más frecuentes y de causas más diversas de lo que nunca habíamos imaginado en nuestro marco Lyelliano antes prevalente. *(3)* La restricción temporal y la gran repercusión de ciertos episodios iniciales de la historia de la vida, en particular la «explosión cámbrica» de la que surgieron virtualmente todos los principales diseños de la vida pluricelular. Nuevas y más rigurosas dataciones han restringido la explosión cámbrica a un periodo de apenas 5 millones de años (Bowring *et al.*, 1993). En contra de la convicción progresivista convencional de que sólo los precursores de las formas modernas surgieron en este evento, un reestudio de treinta años de los fósiles de Burgess Shale (la espectacular fauna de cuerpo blando del Cámbrico medio, justo después de la explosión) sugiere que el abanico de diseños anatómicos iniciales excedía los límites modernos (a pesar de que la evolución ha dispuesto subsiguientemente de más de 500 millones de años para generar nuevas anatomías) y que la historia de la vida desde la explosión cámbrica ha sido en gran medida una historia de reducción de posibilidades iniciales. Con una excepción (los briozoos al comienzo del periodo Ordovícico), ningún fílum nuevo ha surgido en el registro fósil después de la explosión cámbrica. Sea cual fuere el trasfondo genético y embriológico de este suceso cardinal, no fue una situación usual, explicable por simple extrapolación de los cambios darwinianos en las poblaciones modernas (véase Whittington, 1985; Gould, 1989). No podemos comenzar a resolver el problema de la vida (pluricelular) sin comprender estos hechos.

La contingencia histórica

Apliquemos todas las explicaciones convencionales mediante las «leyes naturales» que queramos, añadamos a toda esta panoplia todo lo que sabremos cuando captemos las leyes y principios que rigen a niveles superiores, magnitudes mayores y tiempos más largos, y todavía nos faltará una pieza fundamental de la solución al problema de la vida. Los sucesos de nuestro complejo mundo natural pueden dividirse en dos grandes categorías: sucesos repetibles y predecibles con la suficiente generalidad para ser explicables como consecuencias de leyes naturales, y sucesos meramente contingentes en un mundo lleno de caos y también de aleatoriedad ontológica genuina, porque las historias complejas acertaron a desenvolverse a lo largo de la trayectoria efectivamente seguida, y no cualquiera de las miríadas de alternativas igualmente plausibles.

Estos eventos contingentes, aunque rehuidos y degradados por la ciencia tradicional, deberían considerarse igualmente significativos, igualmente portentosos, igualmente interesantes y hasta igualmente resolubles que las predictibilidades convencionales. Los eventos contingentes son en efecto impredecibles, pero esta propiedad se deriva del carácter del mundo y no de limitaciones metodológicas (lo que hace que adquiera el mismo sentido inmediato que cualquier otra cosa exhibida por la naturaleza). Los eventos contingentes, aunque impredecibles al principio de una secuencia, son tan explicables como cualquier otro fenómeno una vez ocurridos. Al no estar basadas en leyes, las explicaciones requieren un conocimiento de la secuencia histórica particular que generó el resultado, porque son necesariamente narrativas en vez de deductivas. Pero muchas ciencias naturales, incluida la paleontología, son históricas en este sentido, y pueden proporcionar dichas explicaciones si el archivo preservado es lo bastante rico.

Un desdeñoso de la contingencia podría admitir todos los argumentos anteriores y aun así responder: de acuerdo, hay dos categorías de sucesos, pero la ciencia trata sólo del dominio «superior» de generalidad. La región «inferior» contingente es pequeña y plana, abrumada por la grandiosidad de arriba, y sólo contiene pequeños detalles curiosos, sin importancia para el funcionamiento básico de la naturaleza. La clave de mi argumentación es la negación de esta conceptualización común y la reestructuración del dominio contingente, que es tan amplio e importante como el de los sucesos deducibles de leyes naturales (porque el dominio contingente abarca cuestiones del estilo de «¿por qué esto y no cualquiera de las otras mil posibilidades?»).

El argumento principal puede expresarse como una observación histórica o psicológica. En nuestra arrogancia, pero también en nuestro apropiado temor reverencial, tendemos a plantear las cuestiones biológicas más profundas como generalidades resolubles mediante leyes naturales. ¿Por qué tiene la vida que evolucionar por selección natural sobre sustratos construidos a partir de códigos inscritos en ácidos nucleicos? ¿Cómo explica la teoría ecológica por qué hay tantos insectos y tan pocos pogonóforos? ¿Qué es, en fin, la vida (como fenómeno predecible que evolucionaría otra vez de la misma manera y no puede ser muy diferente de lo que es)? Pero la mayoría de estas cuestiones surgen porque queremos comprender desesperadamente algo simplemente enigmático y mucho más concreto: ¿quiénes somos como seres humanos, y por qué estamos aquí? Protágoras tenía razón cuando dijo que «el hombre es la medida de todas las cosas» (lo que puede interpretarse bien como una afirmación de humanismo último bien como una constatación de nuestra visión restringida del mundo). Ahora bien, como especie concreta, producto final de una secuencia contingente que podría no haber desembocado nunca en nada parecido sólo con que uno cualquiera de los miles de pasos precedentes se hubiese dado de forma ligeramente distinta (cosa más que plausible), el ser humano se asienta firmemente en el dominio de la contingencia. Somos entidades contingentes y no inevitabilidades predecibles. Y las preguntas que se refieren a nosotros de manera más genuina y profunda, aun cuando hayan sido convencionalmente enmarcadas como cuestiones sobre esencialidades atemporales, han de responderse en términos de contingencia.

Diferencias mínimas en el dominio de la contingencia histórica, aparentemente intrascendentes para cualquier observador coyuntural, se traducen en resultados absolutamente dispares que alteran de manera fundamental la cuestión de qué es la vida. La contingencia no es sólo el dominio de lo trivial. Es más, el tema de la contingencia es fractal, e impregna todas las escalas de la historia de la vida desde los cataclismos biosféricos hasta las particularidades de los linajes concretos. ¿Por qué existe el *Homo sapiens* (la cuestión que, admitámoslo, nos lleva a preguntarnos qué es la vida)? Si consideramos escalas fractales decrecientes, encontraremos contingencia por doquier. Estamos aquí porque la lista negra de los productos anatómicos de la explosión cámbrica no incluyó un pequeño y «nada prometedor» grupo (los cordados) representado en Burgess Shale por el género *Pikaia*. (Cualquier repetición de la película de la vida a través de la lotería cámbrica habría arrojado un conjunto enteramente distinto de linajes supervivientes; en este sentido, cualquier forma de vida presente debe su existencia a la fortuna.) Remontémonos a la supervivencia de los mamíferos. Suprimamos el bólido cretácico (el accidente aleatorio último procedente del cielo) y los dinosaurios todavía estarían dominando el mundo de los vertebrados terrestres, en el que los mamíferos probablemente seguirían siendo criaturas marginales del tamaño de una rata (los dinosaurios habían dominado a los mamíferos durante más de 100 millones de años, ¿por qué no iban a seguir haciéndolo durante otros 65 millones de años?). Remontémonos a un linaje de monos antropoides en las selvas africanas de hace 10 millones de años. En esta repetición no se produce ningún resecamiento del clima, de manera que los bosques no se convierten en sabanas y praderas. El linaje antropoide nunca abandona la selva persistente, y les va francamente bien quedándose como están.

Schrödinger escribió sobre sus preferencias de estudiante: «Era un buen estudiante, con independencia de la asignatura. Me gustaban las matemáticas y la física, pero también la lógica rigurosa de las gramáticas clásicas. Sólo odiaba memorizar los datos y hechos "fortuitos" de la historia y la biogeografía». Resulta irónico que un gran pionero de una revolución científica que situó la aleatoriedad cuántica en un nuevo marco para las leyes naturales desdeñara el aspecto contingente del macromundo, despojándolo de interés científico en razón de su carácter meramente histórico. «¿Qué es la vida?» es seguramente, como sostenía Schrödinger, un problema resoluble en el dominio de las leyes de la naturaleza. Pero también, y en la misma medida, es un problema histórico.

Buckminster Fuller, un profeta moderno, solía decir que «la unidad es plural y, como mínimo, dual». Las leyes naturales y la contingencia histórica deben ir unidas en nuestra búsqueda de una respuesta al problema de la vida. Como sentenció un profeta antiguo (Amós 3:3): «¿Acaso marchan dos juntos sin estar de acuerdo?».

REFERENCIAS

Alvarez, L.W., W. Alvarez, F. Asaro y H.V. Michel, «Extraterrestrial cause for the Cretaceous-Tertiary extinction», *Science* 208 (1980), págs. 1095-1108.

Bowring, S.A., J.P. Grotzinger, C.E. Isachsen, A.H. Knoll, S.M. Pelechaty y P. Kolosov, «Calibrating rates of early Cambrian evolution», *Science* 261 (1993), págs. 1293-1298.

Crow, J.F., «Erwin Schrödinger and the Hornless Cattle Problem». *Genetics* 130 (1992), págs. 237-239.

Darwin, Charles, *On the Origin of Species*, John Murray, Londres, 1859 [trad. esp.: *El origen de las especies*, Espasa Calpe, Madrid, 1987].

Davies, G.L.H., «Bangs replace whimpers», *Nature* 365 (1993), pág. 115.

Dawkins, R., *The Selfish Gene*, Oxford University Press, Nueva York, 1976 [trad. esp.: *El gen egoísta*, Labor, Barcelona, 1979].

Dobzhansky, T., *Genetics and the Origin of Species*, Columbia University Press, Nueva York, 1937.

Eldredge, N. y S.J. Gould, «Punctuated equilibria: An alternative to phyletic gradualism», en *Models in Paleobiology*, ed. T.J.M. Schopf, págs. 82-115, Freeman, Cooper & Co., San Francisco, 1972.

Gould, S.J., «Introduction, Geneticists and Naturalists», en *Genetics and the Origin of Species*, ed. T. Dobzhansky, págs. xvii-xxxix, Columbia University Press, Nueva York, 1982.

Gould, S.J., *Wonderful Life*, W.W. Norton & Co., Nueva York, 1989 [trad. esp.: *La vida maravillosa*, Crítica, Barcelona, 1991].

Gould, S.J. y N. Eldredge, «Punctuated equilibrium comes of age», *Nature* 366 (1993), págs. 223-227.

Judson, H.F., *The Eighth Day of Creation*, Simon & Schuster, Nueva York, 1979.

Krogh, T.E., S.L. Kamo, V.L. Sharpton, L.E. Marin y A.R. Hildebrand, «U-Pb ages of single shocked zircons linking distal K/T ejecta to the Chicxulub crater», *Nature* 366 (1993), págs. 731-734.

Lloyd, E.A. y S.J. Gould, «Species selection on variability», *Proceedings of the National Academy of Sciences USA* 90 (1993), págs. 595-599.

Schrödinger, E., *What is Life?*, Cambridge University Press, Cambridge, 1944 [trad. esp.: *¿Qué es la vida?*, Tusquets Editores (Metatemas 1), Barcelona, 1983].

Smocovitis, V.B., «Unifying biology: the evolutionary synthesis and evolutionary biology», *Journal of the History of Biology* 26 (1992), págs. 1-65.

Stanley, S.M., «A theory of evolution above the species level», *Proceedings of the National Academy of Sciences USA* 72 (1975), págs. 646-650.

Stebbins, G.L. y F.J. Ayala, «¿Is a new evolutionary synthesis necessary?», *Science* 216 (1981), págs. 380-387.

Vrba, E.S. y S.J. Gould, «The hierarchical expansion of sorting and selection: Sorting and selection cannot be equated», *Paleobiology* 12 (1986), págs. 217-228.

Whittington, H.B., *The Burgess Shale*, Yale University Press, New Haven, 1985.

Williams, G.C., *Natural Selection: Domains, Levels, and Challenges*, Oxford University Press, Nueva York, 1992.

4
La evolución de la inventiva humana
Jared Diamond

¿Cómo llegamos los seres humanos a ser tan distintos del resto de los animales? Esta pregunta no llegó a plantearse hasta que Darwin demostró que los rasgos que nos diferencian de los animales eran producto de la evolución. No fuimos creados distintos de los animales, sino que nos hemos diferenciado de ellos con el paso del tiempo.

Hasta hace poco, la cuestión era competencia exclusiva de la paleontología y la anatomía comparada. Ahora están fluyendo ideas procedentes de muchos otros campos, como la biología molecular, la lingüística, la psicología cognitiva y hasta la historia del arte. Como resultado, el problema de la evolución de la inventiva humana, uno de los retos más importantes de la biología actual, parece al fin tener atisbos de solución.

A pesar de Darwin, todos seguimos colocando almejas, cucarachas y cuclillos en un mismo cajón de sastre que denominamos «animales», y que contraponemos a nosotros (como si almejas, cucarachas y cuclillos de algún modo se pareciesen más entre ellos de lo que puedan parecerse a nosotros considerados por separado). Hasta los chimpancés son arrojados a este abismo de bestialidad, lo que nos deja a nosotros solos por encima.

Nuestros rasgos únicos son en última instancia expresiones de nuestra peculiar inventiva. Pensemos en algunas de las formas únicas que toma nuestra inventiva:

- A diferencia de cualquier otro animal, nos comunicamos mutuamente mediante el lenguaje hablado y escrito.
- Esto nos permite tener conocimiento de cosas que sucedieron en lugares y tiempos remotos, como las conferencias de Schrödinger en 1943. ¿Qué especie animal posee conocimiento alguno de lo que algún otro individuo de su propia especie estuvo pensando hace cincuenta años en otro continente?
- Para vivir dependemos completamente de herramientas y máquinas.
- Creamos y disfrutamos del arte.
- También aplicamos nuestra inventiva al genocidio, el abuso de drogas adictivas, la tortura refinada y el exterminio de otras especies por miles.

Ninguna especie animal hace ninguna de estas cosas. En consecuencia, las leyes de Irlanda y los demás países insisten en que, legal y moralmente, los seres humanos no son animales.

No sólo somos únicos en el momento presente: la paleontología nos enseña que también somos únicos en la historia de la vida en la Tierra. Si nuestras diferencias fuesen sólo de grado, el registro fósil podría mostrarnos trilobites empuñando herramientas de piedra en la era Paleozoica, dinosaurios experimentando con trampas justo antes del límite Cretáceo/Terciario y babuinos pintando a dedo en el Mioceno. Pero todos estos logros tecnológicos tuvieron que esperar al *Homo sapiens*.

La paleontología refuta nuestra presunción histórica de que la inteligencia es valiosa. Las especies animales verdaderamente exitosas, como los escarabajos y las ratas, han encontrado mejores vías hacia su presente dominancia sin derrochar energía en el oneroso tejido cerebral. Según parece, somos únicos no sólo en la Tierra sino en nuestra galaxia, porque hasta ahora los astrónomos que buscan signos de inteligencia extraterrestre no han captado más que ruido de fondo procedente del espacio.

A pesar de nuestra evidente unicidad, es a la vez obvio que no somos en absoluto únicos. No sólo somos animales, sino que incluso está claro qué categoría concreta de animal somos. Somos uno de los grandes monos africanos. Tenemos las mismas partes anatómicas, y prácticamente las mismas proteínas. Entre las proteínas secuenciadas hasta la fecha en antropoides y humanos (cinco cadenas de hemoglobina, mioglobina, citocromo C, anhidrasa carbónica y fibrinopéptidos A y B) la mayoría no se diferencia en nada de una especie a otra, y el número total de cambios en 1271 aminoácidos secuenciados es de sólo cinco.* Para convencernos de nuestra afinidad con los antropoides, imaginemos unos cuantos estudiantes y profesores del Trinity College metidos en una jaula del zoo de Londres con la prohibición expresa de hablar, sin ninguna ropa y sin posibilidad de afeitarse la barba ni cortarse el pelo durante varios años. Resultaría entonces obvia su condición de antropoides erguidos con poco vello.

Tanto el registro fósil como la biología molecular indican que nuestros ancestros divergieron de los antropoides africanos hace sólo unos siete millones de años. A escala evolutiva esto es un parpadeo, mucho menos del 1% de la historia de la vida en la Tierra. En consecuencia, todavía hoy nuestro ADN es idéntico en un 98,4% al de las otras dos especies de chimpancé, el común y el pigmeo. Genéticamente nos parecemos más a los chimpancés de lo que se parecen entre sí el mosquitero común y el mosquitero musical, las dos especies de pájaros irlandeses más indistinguibles. Si el Trinity College contratara un zoólogo del espacio exterior,

* Las referencias para esta y otras afirmaciones pueden encontrarse en mis dos exploraciones previas de la evolución humana: *The Rise and Fall of the Third Chimpanzee* (Vintage, Londres, 1992) [trad. esp.: *El tercer chimpancé*, Espasa Calpe, Madrid, 1994] y «The evolution of human creativity» en *Creative Evolution*, eds. J. Campbell y J.W. Schopf (Jones & Bartlett, 1994).

ese visitante carente de prejuicios seguramente nos clasificaría como una tercera especie de chimpancé.

En realidad, decir que diferimos en un 1,6% de los otros chimpancés no deja de ser una exageración, porque las diferencias en el ADN responsables de nuestros atributos distintivos representan mucho menos del 1,6%. Recordemos que el 90% de nuestro ADN es material de relleno sin ningún contenido informativo. Recordemos también que la mayor parte de las diferencias entre nosotros y los chimpancés en lo que a ADN codificado se refiere son triviales o irrelevantes para nuestra conducta, como la diferencia en un aminoácido de 153 entre la mioglobina humana y la del chimpancé. Además, como luego veremos, la mayoría de cambios significativos en el ADN parecen haber tenido lugar mucho antes de que las diferencias interesantes entre seres humanos y chimpancés comenzaran siquiera a emerger. De todo ello se desprende que probablemente sólo un escaso 0,16% de nuestro ADN explica por qué estamos ahora discutiendo sobre evolución en el lenguaje del *Ulises* de James Joyce en vez de andar buscando comida calladamente en la jungla como hacen los otros chimpancés.

¿Cuáles son los genes responsables de estas diferencias? ¿Cómo pueden esos pocos genes producir una diferencia conductual tan grande? Éste es el problema más fascinante de la biología moderna.

Una primera respuesta podría encontrarse en los genes responsables de nuestro gran cerebro, el asiento de la inteligencia y la inventiva. Nuestro cerebro es unas cuatro veces más grande que el del chimpancé, y mucho mayor en relación al tamaño corporal que el de cualquier otra especie animal. Convengo en que éste no es nuestro único atributo relevante. Otros rasgos (como nuestra pelvis modificada para la marcha erguida, con la consiguiente liberación de las manos para otros usos) pueden haber proporcionado el estímulo inicial para el incremento evolutivo de nuestro tamaño cerebral. Hicieron falta otras peculiaridades humanas en conjunción con nuestros grandes cerebros para convertirnos en lo que somos. Entre esas otras peculiaridades destaca nuestra biología sexual, que incluye rasgos desacostumbrados como la menopausia, la ovulación oculta y un vínculo de pareja raro entre los mamíferos, necesario para la crianza exitosa de nuestros desvalidos infantes. Pero todo el mundo estaría dispuesto a admitir que el agrandamiento del cerebro fue un prerrequisito para la evolución de nuestra singular inventiva.

Lo que se aprecia mucho menos es el hecho de que nuestro gran cerebro fue una condición necesaria, sí, pero no suficiente. Esta paradoja se hace evidente cuando uno compara la escala temporal de la expansión del cerebro con la de la aparición de artefactos que denotan inventiva en el registro fósil humano.

Como es bien sabido, la evidencia de los homínidos fósiles demuestra que nuestros ancestros ya caminaban erguidos hace alrededor de 4 millones de años, que el agrandamiento evolutivo de nuestro cerebro comenzó hace unos 2 millones de años, que hace al menos 1,7 millones de años habíamos alcanzado el rango de *Homo erectus*, y que hace medio millón de años ya habíamos accedido al rango de *Homo sapiens* arcaico. Los primeros *Homo sapiens* anatómicamente modernos (gente con esqueletos similares a los nuestros) que se conocen vivían hace unos 100 000 años en el África meridional. En esa época, Europa aún estaba ocupada por los neandertales, que diferían significativamente de nosotros en su anatomía ósea y muscular, pero cuyos cerebros eran incluso algo mayores que los nuestros.

Así pues, el agrandamiento evolutivo del cerebro humano se inicia hace alrededor de dos millones de años y se completa esencialmente hace unos 100 000 años. ¿Aumenta nuestra inventiva en paralelo con este incremento del tamaño cerebral? La evidencia arqueológica de dicha inventiva es abundante e incluye pinturas rupestres, arte mobiliario, joyería, instrumentos musicales, herramientas, inhumaciones intencionadas, armas complejas como arcos y flechas, viviendas complejas y costura. Si se viese que estos indicadores emergen gradualmente a medida que nuestro cerebro se agranda, entonces tendríamos una explicación sencilla de la inventiva humana: habría sido un producto de nuestro gran cerebro.

Sorprendentemente, hay pruebas inequívocas de que esta hipótesis tan llana es falsa. El estudio de los restos hallados en cuevas sudafricanas ha permitido conocer bien la dieta y el utillaje de aquellos humanos anatómicamente modernos de hace 100 000 años. Está claro que seguían fabricando toscos útiles de piedra no más avanzados que los de los neandertales. A pesar de sus grandes cerebros, eran cazadores poco eficientes con densidades de población bajas. Los huesos de presas representados en los yacimientos proceden sólo de animales fáciles de cazar, como antílopes dóciles, o bien individuos muy jóvenes o muy viejos. Todavía no se cazaban especies peligrosas como rinocerontes, cerdos salvajes o elefantes. Las presas eran animales fáciles de matar con una lanza simple (el propulsor y el arco y la flecha aún no se había inventado). Aquellos africanos anatómicamente modernos casi nunca atrapaban aves o peces, porque las redes y los anzuelos tampoco habían sido inventados. Aquellos grandes cerebros todavía no producían nada en lo que respecta al arte de la supervivencia. No podemos saber si se pintaban el cuerpo, pero es seguro que no producían los objetos artísticos que han sobrevivido en abundancia en yacimientos más tardíos del periodo Pleistoceno.

Todos esos indicios de inventiva faltan igualmente en los asentamientos de los neandertales de gran cerebro que ocupaban Europa por la misma época. Por otra parte, sus útiles de piedra muestran poca variación en el tiempo y en el espacio. Las herramientas de los yacimientos de Rusia son similares a las de los yacimientos de Francia, y las de hace 140 000 años son similares a las de hace 40 000 años. Evidentemente, los neandertales no exhibían la variación cultural que hace que los artefactos del *Homo sapiens* contemporáneo difieran de un sitio a otro y de un año a otro como resultado de la inventiva humana.

La evidencia de su falta de inventiva es el rasgo más sorprendente de los neandertales. En comparación, durante los últimos 10 000 años nuestra inventiva produjo diferencias culturales tan marcadas que los arqueólogos datan los yacimientos y los clasifican rutinariamente por sus artefactos. Por poner un ejemplo familiar, los modelos de computadores y coches cambian tan rápidamente que muchas veces puede precisarse el año que se lanzaron al mercado. Si alguna vez mis hijos gemelos de seis años descubren, escondida en mi escritorio, la regla de cálculo que su padre, mucho menos versado que ellos en computadores, seguía usando hasta hace poco para sus cálculos, seguramente se preguntarán en qué franja del Paleolítico medio nací. Los únicos rasgos que distinguen cualitativamente el comportamiento humano de hace 100 000 años del de los animales eran el uso generalizado de aquellos toscos útiles de piedra y el empleo del fuego. (Los chimpancés también usan útiles de piedra, pero sólo esporádicamente.) En aquel tiempo no éramos animales especialmente exitosos. Una inteligencia extraterrestre que hubiese descendido sobre nuestro planeta por entonces no nos habría considerado merecedores de una mención especial como criaturas en disposición de adueñarse del mundo. Es más probable que hubiese destacado a castores, tilonorrincos, termitas y hormigas legionarias. Nosotros no habríamos pasado de una breve mención como monos un tanto pretenciosos.

¿Qué hacía nuestro cerebro en aquella época, cuando aún era incapaz de producir signos arqueológicos de inventiva? Una respuesta a vuelapluma pero, creo yo, esencialmente correcta es que nuestro cerebro, cuatro veces mayor que el del chimpancé, desempeñaba básicamente las mismas funciones que éste último, pero con una clarividencia cuatro veces mayor. Los estudios de campo han demostrado que los chimpancés emplean útiles fabricados por ellos mismos con materiales diversos (piedra, madera, hierba); nosotros fabricábamos herramientas mejores. Chimpancés y monos resuelven problemas mejor que otros animales, pero nosotros habríamos sido aún mejores en este aspecto. Por ejemplo, los cercopitecos, presas habituales de leopardos y pitones, son incapaces de reconocer que el rastro de una pitón en la hierba indica que hay una serpiente cerca, y que una carcasa en lo alto de un árbol indica la presencia de un leopardo; nosotros somos bastante más lúcidos. Los chimpancés usan sus cerebros para adquirir información sobre decenas de especies, particularmente vegetales, que forman parte de su diversificada dieta, incluyendo plantas con propiedades medicinales y otras que fructifican a intervalos de distancia y tiempo muy largos. Nosotros adquirimos información sobre una dieta aún más amplia, con una alta diversidad animal y vegetal. Los chimpancés son capaces de reconocer individualmente a decenas de congéneres, de tolerar o prestar apoyo a individuos de su grupo, de matar a individuos de otros grupos y de reconocer el parentesco madre-hijo. Nosotros reconocemos la paternidad además de la maternidad, y distinguimos relaciones de parentesco genético más complejas. Todas estas aptitudes nuestras representan mejoras cuantitativas sobre los chimpancés, y probablemente impulsaron la evolución de nuestros grandes cerebros. Pero todavía no configuran la inventiva moderna ni nos hacen cualitativamente distintos.

Resumiendo, hace alrededor de 100 000 años muchos o la mayoría de nuestros antepasados tenían cerebros de tamaño moderno, y algunos una anatomía ósea casi moderna. Genéticamente, aquellas gentes quizá fueran idénticas a nosotros en un 99,99%. Pero, a pesar de la estrecha similitud en capacidad craneana y otros rasgos esqueléticos, todavía faltaban algunos ingredientes esenciales. ¿Cuáles eran?

Éste es el mayor enigma no resuelto de la evolución humana: unos cerebros tan grandes como los nuestros y unos esqueletos básicamente modernos no fueron suficientes para generar una inventiva moderna.

Saltemos ahora al periodo que comienza hace alrededor de 38 000 años, época en la que irrumpe en Europa occidental el primer *Homo sapiens* anatómicamente moderno (el llamado hombre de Cro-Magnon). A partir de entonces, y a lo largo de las siguientes decenas de miles de años, aparecen en Europa los indicadores arqueológicos de la inventiva moderna.

Entre esos indicadores están los primeros instrumentos musicales preservados, pinturas rupestres, estatuillas y otras muestras de arte mobiliario, figuras de arcilla y joyería. Aparece la primera evidencia inequívoca de inhumación intencionada, lo que sugiere la emergencia de la religión. Los utensilios ya no son las toscas hojas de piedra de una sola pieza sin una función concreta discernible, sino herramientas de piedra y hueso de formas tan especializadas que su función como agujas de coser, anzuelos o leznas resulta obvia incluso hoy. Aparecen herramientas compuestas de varias piezas ensambladas: arpones, hachas con mango, venablos con propulsores, arcos y flechas. Se fabrican cuerdas que sirven para hacer lazos y redes, lo que permite capturar peces y aves, cuyos restos aparecen ahora en abundancia en los yacimientos. Se inventa la navegación, como lo evidencia la colonización de Australia y Nueva Guinea, separadas de la plataforma continental asiática por barreras acuáticas anchas y permanentes, hace al menos 40 000 años. La costura, representada en el arte y evidenciada por las agujas, hace posible la colonización humana del Ártico. Los yacimientos arqueológicos incluyen restos de viviendas elaboradas con pavimentos, chimeneas y pilares, iluminadas con candiles. El sentido estético y el afán suntuario se evidencian por el transporte de objetos preciosos como conchas y gemas a distancias de cientos de kilómetros. En contraste, los útiles de piedra neandertalianos proceden de fuentes situadas a pocos kilómetros de los emplazamientos. Los productos más espectaculares de la inventiva del hombre de Cro-Magnon son esas «capillas sixtinas» del arte paleolítico: las pinturas de las cuevas de Lascaux y Altamira. Un siniestro avance en la conducta humana es la extinción del 90% de los animales grandes de Australia y Nueva Guinea, junto con la extinción de diversos mamíferos grandes en Europa y África. Estas especies habían sobrevivido a un mínimo de 20 ciclos previos de fluctuaciones climáticas pleistocénicas, por lo que la única explicación plausible de su desaparición es la llegada del hombre (en Australia y Nueva Guinea) o el marcado perfeccionamiento de las técnicas de caza (en Europa y África).

El rasgo más significativo que apareció en la Europa occidental hace 38 000 años es la propia inventiva. Los útiles neandertalianos no pueden clasificarse en estilos indicadores de tiempo y lugar. En contraste, los utensilios, el arte y otros productos culturales del hombre de Cro-Magnon varían tan marcadamente de un milenio a otro y de una región a otra que los arqueólogos pueden usarlos como indicadores de la antigüedad y las afinidades de un yacimiento. Los estudiantes de antropología tienen que memorizar nombres como Auriñaciense, Gravetiano, Solutrense, Magdaleniense, etc., correspondientes a los horizontes culturales del Paleolítico superior. Estos nombres atestiguan los rápidos cambios temporales que la inventiva humana estaba produciendo en los productos culturales.

Tendemos a pensar en los hombres de Cro-Magnon como «cavernícolas», un término que en primera instancia asociamos con «primitivo». Pero esta asociación es errónea. Sabemos que los pueblos tecnológicamente «primitivos» de hoy (como los montañeses de Nueva Guinea, que hasta ayer mismo seguían anclados en la Edad de Piedra) son seres humanos absolutamente modernos en cuanto a biología e intelecto, y que las razones de su uso continuado de utensilios de piedra son puramente medioambientales. Por eso me atrevo a decir que aquellos humanos de hace 38 000 años eran también absolutamente modernos. Si los trajésemos al presente con una máquina del tiempo y los enviáramos al Trinity College para su educación, podrían convertirse en pilotos de avión o biólogos moleculares, como hacen los neoguineanos de hoy. Lo que ocurre, simplemente, es que hace 38 000 años aún no se habían acumulado las invenciones que requería la tecnología de la aviación.

Así, en Europa se produjo un súbito Gran Salto Adelante en la conducta humana. Después de haber ocupado Europa durante más de 100 000 años, en apenas unos milenios los neandertales habían desaparecido. Ha habido gente declarada culpable de asesinato sobre la base de una evidencia circunstancial menos convincente. Es indudable que, de algún modo, los hombres de Cro-Magnon hicieron desaparecer a los neandertales, ya sea matándolos, desplazándolos o contagiándoles enfermedades.

La revolución cultural que he llamado Gran Salto Adelante parece abrupta porque fue introducida por inmigrantes. El auténtico gran salto tuvo lugar con toda seguridad fuera de Europa y debió de requerir muchos milenios. Recordemos que el *Homo sapiens* anatómicamente moderno ya existía en África y en el Cercano Oriente hace alrededor de 100 000 años, y en esta última zona coexistió con los neandertales durante largo tiempo sin llegar a exterminarlos. Probablemente todos los rasgos distintivos del hombre de Cro-Magnon fueron evolucionando en África, el Cercano Oriente, Asia o algún otro sitio y luego fueron exportados a Europa. Pero incluso el periodo comprendido entre 100 000 y 38 000 años atrás es una minúscula fracción de los siete millones de años transcurridos desde que nuestra estirpe divergió de la de los chimpancés. ¿Cuáles de entre ese 0,01% restante de nuestros genes cambiaron durante ese breve tiempo, y qué causó el Gran Salto Adelante? Sólo una hipótesis me parece plausible: los genes responsables del perfeccionamiento del lenguaje hablado. Muchas especies tienen sistemas de comunicación vocal, pero ninguna es ni de lejos tan sofisticada y expresiva como el lenguaje humano. Sorprendentemente, se ha conseguido que chimpancés y gorilas *aprendan* a expresarse con lenguajes de signos o símbolos en una pantalla de ordenador, y se ha comprobado que son capaces de manejar repertorios de cientos de símbolos, lo que se acerca a las 600 palabras que constituyen el vocabulario ordinario del norteamericano o el inglés medio. Los chimpancés pigmeos son capaces de *entender* instrucciones en inglés hablado expresadas normalmente. Está claro, pues, que los antropoides poseen algunas de las capacidades que requiere el lenguaje.

Sin embargo, los antropoides no hablan ni pueden hacerlo. Incluso un chimpancé de corta edad criado en la casa de una pareja de psicólogos junto con el hijo pequeño del matrimonio nunca fue capaz de pronunciar más de un par de vocales y consonantes distintas. Esta limitación se debe a la estructura de la laringe y el tracto vocal de los antropoides. Para convencerse de hasta qué punto limita esto la expresividad y la inventiva no hay más que comprobar cuántas palabras distintas puede uno articular si sólo se pueden pronunciar las vocales *a* y *u* y las consonantes *c* y *p*. Si quisiéramos decir «el Trinity College es un buen lugar para ir», todo lo que podríamos proferir es «ap cupucu capap ac up puap pupac paca uc». La misma secuencia de sonidos podría generarse a partir de muchas otras frases.

Sin el lenguaje no podríamos comunicar un plan complejo, ni idearlo en primera instancia, ni deliberar sobre un nuevo diseño, ni discutir la belleza de una pintura. Pero nuestro tracto vocal es como un reloj suizo, con decenas de músculos, huesos, nervios y cartílagos funcionando de manera coordinada. Así, dado un ser humano ancestral que ya tenía una capacidad cerebral cuatro veces mayor que la de los chimpancés, y dada la ya impresionante capacidad lingüística de éstos, una serie de pequeños cambios en la estructura del tracto vocal, que nos permitió pronunciar decenas de sonidos diferentes a partir de unos pocos sonidos básicos, puede haber sido el disparador del lenguaje complejo y, por ende, del Gran Salto Adelante. Estos pequeños cambios pueden haber sido el último prerrequisito oculto para la evolución de la inventiva humana.

Con el lenguaje podemos inventar. La esencia del lenguaje humano es la inventiva: cada frase es una nueva invención, producida mediante la combinación de elementos familiares. Por esa razón, me parece inconcebible que aquellos seres humanos carentes de inventiva de hace 100 000 años pudieran tener un lenguaje tal como lo conocemos hoy. No puedo evitar la conclusión de que el desarrollo de la inventiva humana estuvo ligado al perfeccionamiento del lenguaje humano.

Si aceptamos este razonamiento, ¿podemos reconocer etapas intermedias en el desarrollo del lenguaje humano moderno a partir de los sistemas de comunicación animal? Al principio puede parecer que hay un abismo insalvable entre los ladridos perrunos y el lenguaje del *Ulises* de James Joyce. Sin embargo, estudios realizados en las últimas dos décadas han identificado al menos tres etapas intermedias dentro de ese abismo.

Una primera etapa es el «lenguaje» del tota, un cercopiteco propio del África oriental. Cuando escuchamos a estos monos, al principio sólo oímos gruñidos indiferenciados. Pero escuchando más detenidamente es posible reconocer distintas voces. Las grabaciones de vocalizaciones de cercopitecos salvajes revelaron que los totas tienen un repertorio de al menos diez gruñidos diferentes, que incluye «palabras» específicas para sus tres depredadores principales (leopardos, serpientes y águilas), para depredadores menores (babuinos, otros mamíferos y seres humanos) y para diversas categorías sociales (mono dominante, mono subordinado, mono rival).

No hay razón para pensar que los totas son los únicos monos que poseen un lenguaje natural de este estilo. La revelación del lenguaje de los cercopitecos fue tardía porque ellos reconocen diferencias de voz mucho más sutiles que nosotros. Para descifrar sus gruñidos hubo que recurrir a experimentos con grabaciones, facilitados por el hábitat abierto y la extensión reducida de los territorios de estos monos. Parece probable que los chimpancés y gorilas salvajes posean también lenguajes naturales, pero esto no ha podido demostrarse debido a los enormes problemas logísticos que plantea su hábitat más denso y sus territorios mucho más extensos.

Aunque el lenguaje de los cercopitecos incluye sonidos con distintos significados, carece de la estructura esencial del lenguaje humano moderno: el diseño modular jerárquico. Con esto quiero decir que nosotros combinamos unas pocas decenas de sonidos unidad (vocales y consonantes) en unidades de orden superior (unas cien sílabas distintas), que combinamos en unidades superiores para formar miles de palabras diferentes, organizadas a su vez en frases, organizadas a su vez para producir un número casi infinito de enunciados posibles. Esta combinación jerárquica obedece determinadas reglas gramaticales. Los cercopitecos, en cambio, se comunican mediante unidades sonoras simples. Hasta la fecha no se ha detectado ningún diseño jerárquico en el lenguaje de estos monos.

El lenguaje natural de los cercopitecos ilustra una probable fase temprana en la evolución del habla humana. Durante la adquisición infantil del habla se repite ontogénicamente esta etapa. Los niños comienzan emitiendo «palabras» aisladas. ¿Podemos reconocer otras etapas intermedias entre el lenguaje animal y el humano? ¿Es posible encontrar lenguajes humanos primitivos de baja complejidad en el mundo de hoy?

Los exploradores decimonónicos que retornaban de áreas remotas del mundo informaban una y otra vez de que habían descubierto tribus primitivas tecnológicamente atrasadas, gentes tan primitivas que se comunicaban sólo con gruñidos monosilábicos como el típico «ugh».

Todas estas historias demostraron ser falsas: la totalidad de los lenguajes vernáculos que existen son plenamente modernos y expresivos. Los pueblos tecnológicamente primitivos no tienen lenguajes más primitivos que los nuestros. De hecho, los lenguajes de los montañeses de Nueva Guinea con quienes estuve trabajando en mis estudios de campo sobre evolución aviar, y que todavía en los años setenta usaban herramientas de piedra, tienen sin excepción una gramática mucho más compleja que la del inglés o el chino, lenguajes que asociamos con la civilización. También podemos examinar los lenguajes escritos más antiguos de los que tenemos noticia: el sumerio (hacia el 3100 a.C.) y el egipcio (hacia el 3000 a.C.). Aquellos primeros lenguajes escritos ya eran típicamente modernos en cuanto a complejidad. Así, parece ser que el lenguaje humano ya había alcanzado su actual complejidad mucho antes del 3100 a.C., y que no quedan lenguajes humanos primitivos que sugieran cómo se pasó de un lenguaje como el de los cercopitecos al lenguaje de *Ulises*.

De hecho, en la actualidad se hablan algunos lenguajes que, aun siendo mucho más complejos que el de los cercopitecos, son considerablemente más simples que los lenguajes humanos normales. Estos lenguajes simples han surgido de manera espontánea innumerables veces a lo largo de la historia humana, allí donde han concurrido gentes que no comparten un lenguaje común. Así ha ocurrido con los comerciantes y los pueblos nativos con los que negociaban, o con los braceros de distintas procedencias que confluían en las plantaciones y sus capataces. En unos pocos años se desarrollaba un lenguaje rudimentario para la comunicación mutua, lo que se conoce como lengua franca. Las lenguas francas consisten en sartas de palabras poco estructuradas gramaticalmente y compuestas principalmente de sustantivos, verbos y adjetivos. Esta fase también se corresponde con una etapa ontogenética de la adquisición infantil del lenguaje. Aunque comerciantes y clientes o braceros y capataces usan la lengua franca para comunicarse entre sí, cada cual continúa usando su lengua vernácula compleja para comunicarse dentro de su grupo originario.

Las lenguas francas son adecuadas para la gama restringida de significados que cubren. Sin embargo, los hijos de padres que hablan lenguas francas se encuentran con un serio problema de comunicación mutua, pues son lenguas demasiado rudimentarias e inexpresivas. En tales situaciones, la primera generación de descendientes de hablantes de una lengua franca desarrolla espontáneamente un lenguaje más complejo denominado lengua criolla, que se estabiliza espontáneamente al cabo de una generación. Quiero subrayar que la evolución de una lengua franca a lengua criolla es espontánea. Los niños no se sientan, convienen en que la lengua de sus padres es inadecuada y luego deciden entre ellos quién inventará pronombres y quién concebirá el pretérito pluscuamperfecto.

Las lenguas criollas son lenguajes plenamente expresivos con gramáticas de nuevo cuño, y con la organización jerárquica modular característica de las lenguas vernáculas. A modo de ejemplo, consideremos el siguiente enunciado en lengua criolla:

«Kam insait long stua bilong mipela —stua bilong salim olgeta samting— mipela i-can helpim yu long kisim wanem samting yu likem, bigpela na liklik, long gutpela prais».

Este texto está extraído de un anuncio que leí en un supermercado de Port Moresby, la capital de Papúa-Nueva Guinea, en la lengua denominada neomelanesia. La traducción inglesa es la siguiente:

*«Come into our store —a store for selling everything— we can help you get whatever you want, big or small, at a good price».**

La comparación de esta traducción con el original muestra que la lengua criolla tiene una estructura modular y jerárquica e incluye elementos gramaticales tan sofisticados como conjunciones, pronombres, oraciones relativas, verbos auxiliares e imperativos.

Por todo el mundo han surgido repetidamente lenguas criollas similares a partir de lenguas francas con los más variados vocabularios y hablantes: africanos, chinos, europeos y melanesios, con contribuciones del árabe, el inglés, el francés, el español, el portugués y el alemán. A pesar de las enormes diferencias entre las lenguas criollas y las originarias, que se traducen en *vocabularios* completamente distintos para lenguas criollas de orígenes distintos, las *gramáticas* de todas ellas son notablemente similares, incluso en sus carencias. A diferencia de la mayoría de lenguas vernáculas, las lenguas criollas carecen de conjugaciones verbales para persona y tiempo, declinaciones de caso y número, y de la mayoría de preposiciones. Sin embargo, las lenguas criollas comparten con las vernáculas su posesión de oraciones relativas, pronombres para la primera, segunda y tercera persona del singular y del plural, y partículas o verbos auxiliares que expresan negación, tiempo anterior, modo condicional y acción continuada, colocados más o menos en la misma secuencia.

Las lenguas criollas, pues, exhiben llamativas similitudes gramaticales, a pesar de sus orígenes independientes y vocabularios diferenciados. Parece evidente que son el producto de algún cableado cerebral genético relacionado con una gramática universal. La mayoría de nosotros aprende la

---

* Venga a nuestra tienda —una tienda donde se vende de todo— podemos ayudarle a conseguir lo que quiera, grande o pequeño, a buen precio.

lengua vernácula compleja del entorno en que crecemos, la cual sobrepasa en complejidad a la gramática universal genética. Sólo los niños que crecen en un entorno donde se habla un lenguaje simple tienen que retrotraerse a esa gramática incorporada.

Así, el lenguaje de los cercopitecos, las lenguas francas y las lenguas criollas representan tres escalones que pueden ejemplificar la evolución de los lenguajes humanos complejos a partir de sus precursores animales. Mi conjetura es que la demora entre la primera aparición de cráneos de capacidad y anatomía modernas hace 100 000 años y las primeras manifestaciones de inventiva humana moderna hace 40 000 años se debió principalmente al tiempo requerido para el perfeccionamiento del lenguaje jerárquico moderno. Apuesto a que, si dispusiéramos de una máquina del tiempo para grabar las conversaciones de los *Homo erectus* y sus descendientes los neandertales, hallaríamos que hablaban lenguas francas, con sartas de palabras formadas por pocos sonidos diferenciados y con una estructura gramatical muy simple. Entre hace 100 000 años y hace 40 000 años puede que fuésemos perfeccionando la anatomía de nuestro tracto vocal, lo que al final nos permitiría pronunciar decenas de vocales y consonantes diferenciadas. También puede que fuésemos perfeccionando la organización de aquellas vocales y consonantes en sílabas y palabras, y organizando aquellas palabras en frases y enunciados. Finalmente, puede que estuviésemos desarrollando una gramática universal e incorporándola genéticamente dentro de nosotros.

Los científicos de laboratorio tienden a tachar las ciencias históricas, como la biología evolutiva, de blandas o especulativas. Ciertamente es más difícil acceder al conocimiento en campos donde no puede aplicarse la metodología del experimento de laboratorio controlado y replicable que manipula un sistema de comprobación bien diseñado. Sin embargo, las ciencias históricas han desarrollado metodologías eficaces propias. ¿Qué técnicas pueden contribuir a nuestra comprensión de la evolución de la inventiva humana dentro de los próximos 50 años?

Sin duda, algunos progresos emanarán de avances radicalmente nuevos. Por ejemplo, en la actualidad se está secuenciando el genoma humano, y se ha conseguido extraer ADN de plantas y animales con miles y hasta millones de años de edad. El reciente descubrimiento en los Alpes de una momia de la Edad del Cobre de 5000 años de edad nos permite soñar que algún día pueda descubrirse una momia de 30 000 años. Puede que los actuales esfuerzos para extraer ADN de sangre o tejidos secos tengan éxito. En ese caso, tendríamos la posibilidad real de comparar ADN de seres humanos modernos, ancestros humanos desaparecidos y chimpancés.

Pero también es probable que avancemos mucho mediante la extensión de métodos ya en uso. He mencionado el descubrimiento del lenguaje natural de los cercopitecos y los problemas técnicos que frenan los intentos de estudiar los lenguajes naturales de chimpancés y gorilas salvajes. La superación de estos problemas parece sólo cuestión de tiempo. Un segundo progreso es el rápido avance durante la última década de los métodos para estudiar la cognición antropoide a través de la comunicación con chimpancés vía ordenador. Un tercer campo prometedor es la lingüística, que está intentando discernir las relaciones entre lenguajes humanos que divergieron hace 10 000 años, y quizá reconstruir protolenguajes del pasado remoto. Finalmente, en los últimos años se ha hecho posible la datación por carbono 14 del material mismo de las pinturas rupestres del Paleolítico superior. Estos resultados están comenzando a ofrecer indicios del desarrollo evolutivo de las técnicas artísticas humanas, una ventana abierta a la creatividad humana.

En resumen, el que para mí quizá sea el problema más apasionante de la biología actual surge de un desacoplamiento histórico. En nuestra historia evolutiva existió un desacoplamiento entre los cambios en la capacidad craneana humana y los cambios en la inventiva humana, como atestiguan los artefactos que dejaron atrás nuestros ancestros. El incremento de nuestro tamaño cerebral, y la mayor parte de la evolución de nuestro esqueleto moderno, estaban virtualmente completados decenas de miles de años antes de que comenzaran siquiera a aparecer los signos de la inventiva humana moderna. Estos signos incluyen el arte, cambios culturales rápidos en el espacio y en el tiempo, la inhumación intencionada y el trueque a larga distancia.

Las diferencias genéticas entre nosotros y las otras dos especies de chimpancé comprenden sólo el 1,6% de nuestro genoma. La diferencia total en cuanto a ADN codificado es probablemente sólo una décima parte de ese porcentaje, y los cambios que han tenido lugar desde hace 100 000 años representan una fracción mucho menor. La mejor propuesta que puedo hacer sobre los cambios últimos responsables de nuestro Gran Salto Adelante comportamental implica el perfeccionamiento del lenguaje moderno. De ser así, esos cambios últimos fueron la principal razón de que *nosotros* estemos ahora aquí sentados en el Trinity College usando el lenguaje de James Joyce para discutir la evolución de los primates, mientras nuestros parientes más cercanos, los chimpancés, están al mismo tiempo comiendo termitas en la jungla o encerrados por nosotros en zoológicos.

5
Desarrollo: ¿es el huevo computable?, ¿podríamos generar un ángel o un dinosaurio?
Lewis Wolpert

«Al decir que la estructura de las fibras de los cromosomas son un texto cifrado queremos significar que la "inteligencia absoluta" imaginada por Laplace, para la que cualquier relación causal sería evidente, podría averiguar, partiendo de su estructura, si de un huevo, bajo determinadas condiciones, se desarrollaría un gallo negro o una gallina moteada, una mosca o una planta de maíz, un rododendro, un escarabajo, un ratón o una mujer.

»Lo que deseamos ilustrar es sencillamente que, con la imagen molecular del gen, ya no es inconcebible que la clave en miniatura corresponda con exactitud a un plan altamente complejo y especificado de desarrollo, y que contenga, en alguna forma, los medios para hacerlo funcionar.» (E. Schrödinger, 1944.)

Estas reflexiones de Schrödinger son muy perceptivas, y plantean dos cuestiones clave. La primera es si el desarrollo del huevo es computable, y voy a sugerir que la respuesta es no, pero que sí será posible simular algunos aspectos del desarrollo. En cuanto a la segunda cuestión, cómo controlan los genes el desarrollo, Schrödinger no podía saber que los genes ejercen su influencia controlando la producción de proteínas, y a través de ellas el comportamiento y el desarrollo celulares.

Al plantear estas cuestiones, Schrödinger estaba reconociendo la importancia fundamental del desarrollo. El desarrollo está en el núcleo de la biología pluricelular. Es el vínculo entre genética y morfología. En efecto, buena parte de la información genética en nuestras células es requerida para dirigir el desarrollo. La evolución puede concebirse en términos de alteración del programa de desarrollo, de manera que se modifican estructuras y se forman otras nuevas. Sólo los genes cambian en la evolución, y por eso es fundamental comprender cómo controlan los genes el desarrollo para comprender la evolución de animales y plantas. Una vez conozcamos esto podremos considerar si podríamos generar un ángel o un dinosaurio.

Es interesante comparar brevemente la embriología de hace cincuenta años con la actual. En aquel entonces se acababa de publicar el libro de Needham, *Biochemistry and Morphogenesis* (1942). Esta obra se ocupaba en gran parte de lo que ahora nos parece una bioquímica irrelevante, centrada en la búsqueda de sustancias inductoras y moléculas señalizadoras. Hoy día, cuando la genética y la biología molecular han transformado la disciplina, tenemos que reconocer que sólo en un par de casos podemos identificar con cierta confianza moléculas señalizadoras: moléculas tipo TGF-ß en el desarrollo del ojo de los insectos (Lawrence, 1992), y algunas moléculas en el desarrollo de la vulva en nemátodos. En vertebrados no tenemos un solo caso confirmado de molécula inductora o morfógeno; montones de candidatos pero nada concluyente. Por el contrario, el libro anterior de Huxley y De Beers, *The Elements of Experimental Embryology* (1934), sin apenas bioquímica y con su énfasis en los gradientes y las interacciones, es mucho más relevante para el pensamiento moderno.

La clave del desarrollo es la célula (el verdadero «milagro» de la evolución). Se puede afirmar que, una vez evolucionada la célula eucariótica, su elaboración para generar animales y plantas pluricelulares era en comparación fácil. Por ejemplo, el ciclo de la división celular puede concebirse como un programa de desarrollo. El desarrollo no es más que la modificación del comportamiento celular, y en cierto sentido la célula puede contemplarse como un ente más complejo que el embrión, porque las interacciones entre las partes del este último son mucho más simples que las interacciones entre los componentes celulares. Las interacciones en el embrión deberían considerarse selectivas más que instructivas. Las interacciones simplemente seleccionan uno de los posibles estados que la célula puede adoptar, por lo general dos o tres, aunque en raras ocasiones pueden ser más numerosos. Las interacciones aportan bien poca información a las células. La complejidad del desarrollo reside en el programa interno de las células.

La evolución del desarrollo es un tema importante por derecho propio: ¿cuáles son las presiones selectivas sobre el desarrollo y cómo surge la novedad? He argumentado que los embriones pueden haber sido privilegiados evolutivamente. Con esto quiero decir que, dado que sólo tienen que desarrollarse de forma fiable, y dando por sentado que esto ocurre, los embriones podrían estar en disposición de explorar posibilidades de desarrollo sin selección negativa (Wolpert, 1990).

Dado que las proteínas esencialmente determinan el comportamiento celular, el desarrollo puede concebirse como un control de la síntesis local de proteínas a través del control de la actividad de los genes que las codifican. ¿Cuántos genes están implicados en el control del desarrollo? Obviamente nadie lo sabe, pero podemos hacer algunas estimaciones. Se estima que la bacteria *Escherichia coli* tiene unos 4000 genes, la levadura unos 7000 y un nemátodo típico alrededor de 15 000 (Chothia, 1992). No es descabellado pensar que, de los 60 000 genes humanos, unos 30 000 puedan estar implicados en el desarrollo. Por otra parte, el análisis del desarrollo de los insectos sugiere que sólo hay unos 100 genes implicados en el control de los primeros estadios embrionarios, y se sabe que en el desarrollo vulval de los nemátodos intervienen unos 50 genes. Aunque son números comparativamente pequeños, si asignamos unos 100 genes a cada estructura, entonces 50 estructuras diferentes en *Drosophila* requerirían 5000 genes. Otra forma de estimar el número de genes es fijarse en el número de tipos celulares. En el ser humano hay alrededor de 250 tipos celulares; si suponemos que cada uno está caracterizado por 10 proteínas distintivas y que cada proteína está especificada por 10 genes (dos números muy modestos), llegamos ya a los 25 000 genes. Las estructuras como el cerebro podrían requerir un número de genes mucho mayor. También es improbable que haya mucho solapamiento entre genes para distintos «órganos», porque ello se traduciría en una falta de flexibilidad evolutiva debido a un exceso de pleiotropía.

Decenas de miles es un número enorme de genes cuya acción hay que dilucidar. Este trabajo se ve aún más dificultado por los casos de redundancia aparente. Esto quiere decir que es posible suprimir ciertos genes en ratones sin que haya cambios fenotípicos obvios. ¿Cuál es entonces la función de estos genes redundantes? He argumentado que toda redundancia es ilusoria y lo único que refleja es la incapacidad de una comprobación correcta de la alteración fenotípica (Wolpert, 1992). Incluso un 5% de discapacidad requiere el examen de 20 000 animales. Será muy difícil desentrañar la verdadera función de tales genes.

¿Podemos esperar que surjan principios generales dentro de los próximos cincuenta años o simplemente estamos ante un largo periodo de recolección de datos detallados? En el momento presente podemos adelantar una lista de ideas directrices; tenemos la sensación de que comprendemos básicamente los principios fundamentales del desarrollo, y resulta sorprendente cuán pocos conceptos se requieren. Un supuesto central es que el estado celular estará determinado por los genes que están activados y, por lo tanto, por las proteínas presentes en la célula. Este es un buen punto de partida considerando la posible importancia de la degradación de proteínas y ARN mensajero, así como el control de la traducción. Una de las estructuras integradoras claves para el desarrollo es probablemente la región cromosómica promotora e intensificadora. Esta región de control ha experimentado cambios evolutivos importantes y podría servir para integrar muchos aspectos del comportamiento celular. Por ejemplo, parece ser que la localización espacial de la expresión genética en el desarrollo de los insectos es resultado de distintos factores que se ligan a una región intensificadora y dan una respuesta umbral a señales externas (Lawrence, 1992).

El desarrollo tiene que ver principalmente con células que se diferencian siguiendo una pauta ordenada. Los protoorganismos pluricelulares podían haber conseguido esto de dos formas: mediante división celular asimétrica o a través de interacciones celulares (Wolpert, 1990). Éstas son las únicas maneras de que surjan diferencias, y sigue siendo un enigma por qué los animales usan una antes que la otra. Muchos animales se desarrollan a lo largo de ejes cartesianos, con patrones especificados independientemente a lo largo de cada eje. Un modo de crear patrones consiste en asignar información posicional a las células como en un sistema de coordenadas para que luego éstas interpreten los valores asignados de diversas formas. Esto tiene la importante implicación de que no existe relación entre el patrón inicial y el observado. Otro rasgo común parece ser la generación de estructuras periódicas como segmentos, vértebras, plumas y dientes, que se construyen siguiendo un plan básico modificado mediante información posicional. Todas las interacciones son de corto alcance (raramente abarcan más de 30 diámetros celulares) y la mayor parte de la generación de patrones es local, de manera que los embriones se dividen rápidamente en regiones que en gran medida se desarrollan independientemente.

Nuestro mejor sistema para comprender el desarrollo es la mosca de la fruta *Drosophila* (Lawrence, 1992). Los dos ejes, el anteroposterior y el dorsoventral, son en principio mutuamente independientes y están especificados por productos génicos maternos que proporcionan gradientes de información posicional. Tras la fecundación los gradientes activan una cascada de genes zigóticos y el embrión se divide en cierto número de regiones definidas por la actividad combinada de distintos genes. A lo largo del eje anteroposterior se establece una pauta periódica de actividad génica (precursora de los segmentos). Hay que hacer notar que cada banda se especifica independientemente por la combinación local de proteínas. Cada segmento adquiere también una identidad única a través de la actividad de un conjunto especial de genes, los llamados genes *Hox*. Otra faceta del desarrollo de la mosca que constituye un excelente modelo es el omatidio del ojo. Aquí 8 células, cada una con una identidad propia, forman un fotorreceptor complejo. Se han identificado algunos de los genes y señales. A diferencia de un mecanismo de generación de patrones basado en información posicional, parece haber una secuencia de interacciones celulares tal que cada una de las 8 células se especifica en el lugar correcto. Así, las interacciones sólo implican señales que una célula envía a sus vecinas. Una señalización de alcance algo mayor está involucrada en el espaciamiento de los omatidios individuales.

La organización espacial y la generación de diferencias dominan las primeras fases del desarrollo, y en general preceden y especifican la morfogénesis y la diferenciación celular. La morfogénesis tiene que ver con fuerzas celulares que modifican la forma y las relaciones entre células, mientras que la diferenciación lleva a la producción de moléculas que caracterizan distintos tipos celulares.

El problema de la morfogénesis es la conexión entre acción génica y mecánica. Aunque tenemos un conocimiento preliminar de las fuerzas celulares que actúan en la gastrulación de anfibios, insectos y erizos de mar, sabemos poco sobre la maquinaria intracelular implicada, cómo se coordinan los movimientos y cómo se inician en el momento y lugar correctos. Necesitamos conocer cómo pueden controlar los genes las fuerzas celulares. Un mecanismo obvio es el control del patrón espacial de expresión de genes que codifican moléculas implicadas en la adhesión celular.

De considerable importancia es la cuestión de hasta qué punto se han conservado los mecanismos del desarrollo. Esto queda especialmente bien ilustrado por el papel de los genes *homeobox*, que confieren identidades posicionales a las células a lo largo del eje anteroposterior. Esto se relaciona con un principio general que establece que la generación de patrones suele darse en dos pasos principales: primero se asignan identidades posicionales y luego las células las interpretan de diversas maneras. Así, la similitud en la expresión de los genes *Hox* a lo largo del eje anteroposterior en vertebrados e insectos es incomparablemente mayor que las estructuras que se desarrollan luego. Hay, pues, una convergencia hacia el establecimiento de valores posicionales similares a lo largo del eje, aunque los mecanismos puedan ser distintos, y una divergencia del desarrollo ulterior. Existe también probablemente un alto grado de conservación de mecanismos morfogenéticos (una y otra vez se recurre a la adhesión y la contractilidad celulares). No hay más que ver la similitud de la gastrulación en animales tan distintos como los insectos y los erizos. En lo que respecta a la diferenciación celular, sin embargo, no está claro cuáles son los principios generales implicados, ya que la diferenciación es esencialmente el control de la expresión de proteínas celulares específicas. Aquí es donde uno esperaría la mayor divergencia, pues no puede esperarse que haya nada similar en la diferenciación muscular y la de los glóbulos rojos, por ejemplo, aparte de la activación de factores de transcripción celulares y tisulares específicos.

Tras la identificación de los genes *Hox*, junto con posibles moléculas señalizadoras y el análisis detallado de algunos sistemas como el desarrollo inicial de la mosca, el desarrollo del ojo de la mosca y el embrión de los nemátodos, nos encontramos en un momento apasionante. Tenemos la sensación, quizás ilusoria, de que comprendemos los principios básicos que controlan el desarrollo. Podemos entrever la forma en que una cascada de acción génica y señalización intracelular puede generar patrones. Incluso para el desarrollo de los miembros hay modelos plausibles con intervención de genes *homeobox* y factores de crecimiento (Wolpert y Tickle, 1993). A esto debemos contraponer nuestra ignorancia: no se ha identificado inequívocamente una sola molécula señalizadora en vertebrados, y nuestro conocimiento de la estructura celular con respecto al establecimiento de la polaridad todavía es primitivo, así como nuestra comprensión de la morfogénesis al nivel celular. Hay modelos plausibles de la gastrulación en moscas, erizos y anfibios, pero faltan las bases moleculares y el control genético. Sabemos bien poco de cosas como la regulación del tamaño y la forma. Pero creemos que la comprensión de todo ello vendrá de la mano de un mejor conocimiento de la biología celular. Un hecho sorprendente es que los ciliados desarrollan patrones complejos y obedecen reglas similares a las de los organismos pluricelulares, pero aún no se conocen los mecanismos moleculares (Frankel, 1989). Y si bien la especificación de la identidad posicional por los genes *Hox* es alentadora, las interpretaciones de esta información posicional, los blancos de los genes *Hox*, se desconocen, especialmente en relación a la morfogénesis: la alteración de un solo gen puede, en la mosca, convertir una antena en una pata.

¿Es el huevo computable? Esto es, dada una descripción completa de un huevo fecundado (la secuencia entera de su ADN y la localización de todas las proteínas y moléculas de ARN), ¿se podría predecir cómo se desarrollaría el embrión? ¿Podemos anticipar teorías generales del desarrollo? En esta fase el criterio de cada uno reflejará la visión propia del embrión en desarrollo. ¿Es mejor tratarlo como un sistema dinámico o como una máquina de estados finitos? Si se trata como un sistema dinámico entonces es posible que los teoremas sobre atractores y ciclos límite sean relevantes (Kelso, Ding y Schöner, 1992). Estos sistemas dinámicos se basan en dinámicas no lineales. Los procesos químicos fuera del equilibrio se analizan en términos de fluctuación e inestabilidad y, en particular, en términos de autoorganización espacial y temporal. Un rasgo característico de tales tratamientos es que las condiciones iniciales excluyen la estructura. Sin embargo, células y embriones están altamente estructurados. Quizá más importante aún es el hecho de que los sistemas se tratan como si fueran continuos. Pero el comportamiento celular y el desarrollo están en gran medida basados en conmutadores. La activación de un gen es una conmutación que puede traducirse en la producción de una nueva proteína que puede alterar por completo el comportamiento de la célula. Hay que decir que la aplicación de la teoría de sistemas dinámicos no ha dado hasta ahora ningún fruto en la biología celular o del desarrollo. Una posible excepción es la reacción-difusión en la forma sugerida por Alan Turing. Los mecanismos de reacción-difusión ofrecen un modelo atractivo para la autoorganizacipón de gradientes y estructuras periódicas (Murray, 1989), pero hasta ahora no existe una evidencia clara de que tales mecanismos operen en el desarrollo.

Un contraejemplo es el autoensamblaje de los bacteriófagos, que está implícito en la secuencia de aminoácidos de las proteínas y exhibe una vía obligatoria para las interacciones proteínicas. Lo mismo vale probablemente para el ensamblaje de orgánulos celulares como los ribosomas, los filamentos de actina o el colágeno. Es casi seguro que dicho autoensamblaje está implicado en la diferenciación celular, como ocurre en la generación de las fibras musculares.

La otra opción es contemplar el desarrollo como una máquina de estados finitos. En esta línea pueden ser muy instructivos los modelos de autómatas celulares de Wolfram (1984). En vez de modelos basados en ecuaciones diferenciales que describen variaciones graduales de ciertos parámetros en relación a otros, los autómatas celulares se basan en cambios discretos en multitud de componentes similares. Mientras algunos autómatas celulares pueden analizarse como sistemas dinámicos discretos, el comportamiento de otros sólo puede determinarse mediante simulación: no puede darse una fórmula para su comportamiento general. Incluso reglas muy simples basadas en los valores de las células vecinas conducen a pautas no computables en el sentido de poder predecir el resultado sin ver hacia dónde evoluciona el sistema.

¿Se parece el desarrollo a un autómata celular no computable? Es muy probable que, en ciertos aspectos, así sea. El comportamiento celular durante el desarrollo viene determinado por el estado de la célula y por las señales de sus vecinas, que determinan el estado siguiente. Todos estos estados pueden caracterizarse de manera óptima mediante los genes que están activados. Sin embargo, hay que tener en cuenta que puede haber interacciones complejas entre un estado y el siguiente: por ejemplo, una nueva proteína producida por la activación de un gen puede modificar e interactuar con otras proteínas, lo que inicia una cascada de sucesos que, junto con la proteína inicial, puede modificar el comportamiento celular que conduce al siguiente estado. Esto subraya una importante diferencia entre el desarrollo y los autómatas celulares. Porque, en vez de haber unos pocos estados cuya pauta varía con las generaciones sucesivas, en el desarrollo se generan continuamente nuevos estados celulares. Durante el desarrollo de un embrión hay, pues, miles de estados celulares diferentes definidos por distintas pautas de actividad génica. El desarrollo de un embrión es mucho más complejo que un autómata celular, y esta complejidad se deriva de la propia complejidad de las células y del gran número de estados que pueden exhibir. Así, parece improbable que se pueda llegar a simular formalmente el desarrollo.

A pesar de todo, en el futuro será importante intentar la simulación de procesos que tienen que ver con cambios de forma, como la gastrulación. Los movimientos son lentos y no implican ninguna componente inicial, de manera que el sistema puede considerarse cuasiestático. Esto podría simplificar los intentos de simular movimientos morfogenéticos. Pero incluso la simulación de la gastrulación en un vertebrado es una tarea imponente, y la simulación de algún aspecto de la organogénesis, como la del cerebro, es aún más desmoralizante.

Dentro de cincuenta años, ¿estaremos ya en disposición de determinar completamente las condiciones iniciales? Para entonces conoceremos la secuencia completa del ADN, pero necesitaremos saber mucho más. Necesitaremos saber qué proteínas y mensajes maternos hay en el citoplasma y su distribución espacial. Podría haber variaciones mínimas significativas sumamente difíciles de detectar. También deberemos conocer las interacciones complejas implicadas en la señalización intracelular y el papel de las miríadas de quinasas y fosfatasas. Quizá podamos prescindir del metabolismo, pero es algo que ni mucho menos está claro. El punto central es que cualquier conocimiento detallado o computación del desarrollo requerirá un conocimiento detallado de la biología celular. Ésta es una tarea formidable, pues implica que la computación del embrión podría requerir la computación del comportamiento de todas las células constituyentes. Se podría simplificar, sin embargo, si se pudiese hallar un nivel de descripción adecuado del comportamiento celular que dé cuenta del desarrollo y no requiera la consideración del comportamiento detallado de cada célula.

Un problema análogo, pero mucho más simple en principio, es el plegamiento mismo de las proteínas. ¿Será posible dentro de los próximos 50 años predecir la estructura tridimensional de una proteína a partir de su secuencia de aminoácidos? La respuesta es que probablemente sí, pero no necesariamente a partir de, como si dijéramos, principios básicos. La solución se derivará más bien de la homología. Chothia (1992) ha señalado que pueden distinguirse unas 1000 familias de proteínas y, dado que las reglas de plegamiento de cada cual se determinan mediante cristalografía, NMR y modelos moleculares, la estructura de cualquier nueva proteína probablemente será predecible.

La predicción del desarrollo de un embrión podría muy bien basarse en principios similares. Las primeras fases del desarrollo de los distintos organismos pueden ser muy diferentes. Así, aun cuando puedan identificarse genes *homeobox* implicados en el establecimiento de ejes, será muy difícil dilucidar su pauta de expresión espacial. Si conociésemos esta pauta, junto con los genes a cuyas regiones controladoras se ligan sus productos, sería ciertamente posible hacer algunas predicciones generales sobre la suerte de animal que se desarrollaría. Como en el plegamiento de las proteínas, una homología fundamentada en una extensiva base de datos podría proporcionar una base óptima para tales predicciones. Así, aunque pueda haber principios generales y se empleen unos mismos genes y señales por parte de diversos organismos, los detalles serán importantes y harán especialmente difíciles las predicciones del resultado final del desarrollo. A pesar de todo, no es descabellado pensar que al final se sabrá lo suficiente para programar un computador y simular algunos aspectos del desarrollo. Pero será mucho más lo que sabremos que aquello que podamos predecir. Por ejemplo, si se introdujera una mutación que alterase la estructura de una única proteína, es improbable que sea posible predecir sus consecuencias.

¿Qué nos traerán, pues, los próximos cincuenta años? Si no nos equivocamos al pensar que comprendemos los mecanismos básicos del desarrollo, entonces no pueden emerger nuevos principios, pero nos esperan cincuenta años de esfuerzos para desvelar los detalles finos del comportamiento celular durante el desarrollo. Esto incluirá un conocimiento detallado no sólo de la acción génica, sino de la bioquímica y la biofísica celulares. Dichos detalles pueden ser, sin embargo, apasionantes. Ésta es una predicción a la vez pesimista y optimista: optimista porque significaría que conocemos los principios del desarrollo, y pesimista porque el futuro se vislumbra un tanto tedioso. La verdad reside casi con seguridad en algún punto intermedio, y será decepcionante y sorprendente que no emerjan nuevos mecanismos o formas de integrar la información. Es seguro también que se inventarán técnicas novedosas y poderosas.

Uno de los placeres de poder simular el desarrollo, si alguna vez se consigue, es el impacto que tendrá sobre nuestra comprensión de la evolución. Por ejemplo, podríamos preguntarnos qué secuencia de cambios genéticos podría haber llevado a la evolución de los miembros o el cerebro. Podríamos «jugar» con el ordenador para ver los efectos de la alteración de un gen distinto cada vez. Podríamos, en principio, diseñar un programa genético capaz de generar un dinosaurio o un ángel. El problema con este último es cómo dotarle de un par de alas extra y de un temperamento angelical. Conseguir un par adicional de miembros plumosos requeriría un considerable ingenio, pero si supiéramos lo suficiente sobre la generación del patrón corporal y sobre el desarrollo de alas y plumas la cosa sería plausible. Estaríamos manipulando genes conocidos de aves y mamíferos. Es improbable que conociéramos las conexiones neuronales necesarias para generar un temperamento angelical, pero, con tiempo suficiente, probablemente podríamos diseñar un procedimiento de selección. Un dinosaurio sería aún más difícil de conseguir aun teniendo el ADN completo. El problema sería establecer las condiciones iniciales correctas para el desarrollo del dinosaurio. *Parque jurásico* seguirá siendo ciencia ficción.

REFERENCIAS

Chothia, C., «One thousand families for the molecular biologist», *Nature* 357 (1992), págs. 543-544.

Frankel, J., *Pattern Formation*, Oxford University Press, Nueva York, 1989.

Huxley, J.S. y G.R. de Beer, *The Elements of Experimental Embryology*, Cambridge University Press, Cambridge, 1934.

Kelso, J.A.S., M. Ding y G. Schöner, «Dynamic pattern formation: a primer», en *Principles of Organization in Organisms*, eds. J. Mittenthal y A. Baskin, Addison Wesley, Reading (Mass.), 1992, págs. 397-439.

Lawrence, P.A., *The Making of a Fly*, Blackwell, Oxford, 1992.

Murray, J.D., *Mathematical Biology*, Springer, Nueva York, 1989.

Needham, J., *Biochemistry of Morphogenesis*, Cambridge University Press, Cambridge, 1942.

Schrödinger, E., *What is Life?*, Cambridge University Press, Cambridge, 1944 [trad. esp.: *¿Qué es la vida?*, Tusquets Editores (Metatemas 1), Barcelona, 1983].

Wolfram, S., «Cellular automata as models of complexity», *Nature* 311 (1984), págs. 419-424.

Wolpert, L., «The evolution of development», *Biological Journal of the Linnaean Society* 39 (1990), págs. 109-124.

Wolpert, L., «Gastrulation and the evolution of development», *Development Supplement* 7-13, 1992.

Wolpert, L. y C. Tickle, «Pattern formation and limb morphogenesis», en *Molecular Basis of Morphogenesis*, ed. M. Bernfield, Wiley-Liss, Nueva York, 1993, págs. 207-220.

6
Lenguaje y vida
John Maynard Smith y Eörs Szathmáry

Todos los organismos vivos pueden transmitir información de una generación a otra. La propiedad de la herencia —la vida engendra vida— depende de esta transmisión de información, y a su vez la herencia asegura que las poblaciones evolucionen por selección natural. Si alguna vez encontramos vida en algún otro lugar de la galaxia, organismos vivos derivados de un origen distinto del nuestro, podemos estar seguros de que también tendrán herencia, y un lenguaje para transmitir la información hereditaria. Su necesidad era un argumento central de *¿Qué es la vida?* Schrödinger se refería a ese lenguaje como un «texto cifrado». Podemos hacer algunas conjeturas sobre la naturaleza del mismo. Tiene que ser digital, porque un mensaje codificado con símbolos de variación continua se degradaría rápidamente en ruido al transmitirse de un individuo a otro. También debe ser capaz de codificar un número indefinidamente largo de mensajes. Estos mensajes deben ser copiados, o replicados, con un alto grado de fidelidad. Finalmente, los mensajes deben tener algún «significado», en el sentido de influir sobre sus propias posibilidades de supervivencia y replicación; de otro modo la selección natural no podría operar.

En los organismos existentes hay dos de tales lenguajes, no uno. Tenemos el lenguaje genético familiar basado en la replicación de ácidos nucleicos, ADN y ARN, y tenemos el aún más familiar lenguaje que estamos usando ahora, exclusivo de los seres humanos. El primero es la base de la evolución biológica, y el segundo la del cambio cultural. En este ensayo discutiremos los orígenes de ambos.

De hecho, no vamos a discutir el origen de la replicación de los ácidos nucleicos, aunque este fue un paso crucial —quizás *el* paso crucial— en el origen de la vida. En vez de eso discutiremos el origen del código genético. En todos los organismos existentes hay una división del trabajo entre ácidos nucleicos y proteínas. Los ácidos nucleicos llevan información genética, que es transmitida por replicación. Las proteínas determinan el fenotipo del organismo. Ácidos nucleicos y proteínas están conectados a través del código genético, mediante el cual la secuencia de bases de un ácido nucleico se traduce en la secuencia de aminoácidos de una proteína. Este proceso de traducción da significado a los ácidos nucleicos: éstos especifican proteínas que influyen en sus propias posibilidades de supervivencia (su «adaptación»). El mecanismo de traducción es al mismo tiempo tan complejo, y tan universal, que es difícil ver cómo pudo originarse, o cómo podía haber existido la vida sin él.

El segundo de estos problemas, la existencia de vida sin código genético, algo que parecía un misterio casi impenetrable hace diez años, ya no es tan enigmático. El descubrimiento crucial es que, incluso en los organismos actuales, algunos enzimas son ARN y no proteínas (Zaug y Cech, 1986). Esto ha inspirado la idea de un «mundo de ARN», en el que las moléculas de ARN eran a la vez fenotipo y genotipo, a la vez enzimas y portadores de información genética. Dado este cuadro, que nosotros aceptamos, es posible la existencia de vida sin proteínas, y hasta sin código. También es más fácil imaginar cómo se habría originado el código.

El rasgo esencial del código es que cada triplete de nucleótidos —cada «codón»— se asigna a uno de entre 20 aminoácidos. Esta asignación se efectúa mediante la unión de aminoácidos concretos a moléculas de ARN de transferencia particulares que incorporan el codón relevante. Esta unión la llevan a cabo enzimas específicos, que pueden denominarse enzimas de asignación. La especificidad del código depende de la especificidad de estos enzimas. Nuestro problema es explicar el origen de dicha especificidad.

Antes de volver a esta cuestión, repasaremos brevemente lo que puede deducirse de la naturaleza del código existente. Hay algunas variantes: por ejemplo, en la levadura y la mayoría de mitocondrias animales, el codón AUA codifica la metionina en vez de la isoleucina. Se conocen unas cuantas diferencias de este estilo, y probablemente se descubrirán más. Pero la variabilidad es limitada, lo que es consistente con la idea de que hubo un código único ancestral del que se han separado después algunas variantes menores. Sin embargo, la existencia de variaciones plantea un problema. ¿Cómo puede evolucionar el código? Si, por ejemplo, en el código «universal» el codón AUA codifica la isoleucina, ¿cómo se puede cambiar esta asignación? El inconveniente es que suele haber codones AUA en muchas posiciones del genoma de un organismo. Aunque fuera selectivamente ventajoso cambiar isoleucina por metionina en una de estas posiciones, seguramente sería desventajoso hacerlo en todas. Los posibles mecanismos de cambio han sido revisados por Osawa *et al.* (1992). En esencia, estos autores sugieren que una presión de mutación direccional, que altera la razón de pares adenina-timina a pares guanina-citosina, conduce al desuso de codones particulares, y un codón en desuso puede entonces reasignarse.

El punto importante es que el código puede evolucionar, aunque esporádicamente y con dificultad. Durante la evolución primordial, cuando los organismos eran más simples y tenían pocos genes, el cambio evolutivo era probablemente más fácil. La significación de esto es la siguiente: como enseguida demostraremos, el código tiene algunas propiedades adaptativas. En general, los biólogos evolutivos explican la adaptación a través de la selección natural. Un código inmutable no podría ser adaptativo en este sentido. Pero si, como parece ser, el código puede evolucionar, estas propiedades adaptativas son fáciles de explicar.

El ejemplo más claro de propiedad adaptativa es éste: los aminoácidos químicamente similares tienden a ser codificados por codones similares. Por ejemplo, los ácidos aspártico y glutámico, químicamente similares, son codificados por codones que sólo se diferencian en la última base: GAU y GAC para el aspártico, GAA y GAG para el glutámico. Un análisis más general confirma que, a este respecto, el código dista mucho de ser aleatorio. ¿Por qué debería ser adaptativo el que aminoácidos similares sean codificados por codones similares? Se han sugerido dos argumentos plausibles. Primero, si se comete un error en la traducción, es más probable que su efecto sobre la función de la proteína sea relativamente pequeño. Segundo, es menos probable que las mutaciones sean dañinas.

Una segunda propiedad no aleatoria del código tiene que ver con su redundancia. Los aminoácidos pueden ser codificados por 1, 2, 3, 4 o 6 codones distintos. En general, los aminoácidos más frecuentes en la composición de las proteínas tienden a ser especificados por más codones: por ejemplo, la leucina y la serina (ambos con 6 codones) son más frecuentes que el triptófano (1 codón). Pero probablemente sería equivocado interpretar esto como una propiedad adaptativa del código. Es más probable que sea una consecuencia no selectiva de la propia naturaleza del código. Así, habrá más mutaciones para la serina y la leucina que para el triptófano. Si al menos algunos cambios de aminoácido son selectivamente neutros, es de esperar la asociación observada entre abundancia en las proteínas y redundancia. También hay una clara evidencia de que la selección ha hecho que la abundancia en las proteínas no se ajuste exactamente a la redundancia. Por ejemplo, las frecuencias de los aminoácidos ácidos (Asp y Glu) y básicos (Arg y Lis) son aproximadamente iguales, como cabe esperar del hecho de que el PH intracelular es neutro. Pero sobre la base de la redundancia uno esperaría que los aminoácidos básicos fueran dos veces más frecuentes.

Queda la cuestión de si existe alguna razón química para que determinados codones se asocien con determinados aminoácidos. La alternativa es que las asignaciones fueran químicamente arbitrarias, como lo son en gran medida los significados asignados a las palabras en el lenguaje humano. En ese caso, seguramente habría una razón para la coincidencia de los dos primeros nucleótidos de los codones para Glu y Asp, pero el hecho de que estos nucleótidos sean GA y no, por ejemplo, AU sería un puro accidente. La cuestión sigue abierta, pero está claro que cualquier especificidad química de principio no habría sido suficiente por sí misma para determinar el código: el paso crucial que debe ser explicado sigue siendo la evolución de enzimas de asignación.

La idea básica (Szathmáry, 1993) es que la primera implicación de los aminoácidos en los procesos vitales fue como cofactores de ribozimas. El reclutamiento de cofactores aminoacídicos habría incrementado en gran medida la gama catalítica y la eficiencia de los ribozimas. La figura 1 esquematiza esta idea. Cada cofactor consistía en un aminoácido ligado a un oligonucleótido (probablemente un trinucleótido, en cuyo caso el código se habría basado en tripletes de buen principio). La función del oligonucleótido habría sido ligar el cofactor al ribozima por apareamiento de bases. Cada tipo de cofactor podría haber actuado en conjunción con múltiples ribozimas.

En este esquema, el origen de la asignación específica de aminoácidos a oligonucleótidos, que es la base del código, no tuvo nada que ver de entrada con la síntesis de proteínas. Las asignaciones podrían haber surgido una por una, sumándose al número de cofactores disponibles e incrementando la versatilidad bioquímica. La historia evolutiva subsiguiente se esquematiza en la figura 1. La siguiente etapa habría sido la unión de varios aminoácidos a un único ribozima. El ensamblaje de éstos para formar péptidos habría sido entonces el primer paso hacia la síntesis de proteínas. Al final, el ribozima original habría evolucionado convirtiéndose en ARN mensajero; el oligonucleótido ligado al cofactor se habría convertido en ARN de transferencia; el enzima de asignación, R_2, que conecta un aminoácido particular a un oligonucleótido particular, se habría convertido en ARNt-aminoacil-sintetasa; por último, el ribozima R_3, que ensambla aminoácidos en péptidos, habría originado el ribosoma.

El modelo deja muchas preguntas sin respuesta. Por ejemplo, las proteínas son mucho mayores que los cortos péptidos que podrían formarse empleando un ribozima como «mensaje». Pero tiene la ventaja de sugerir etapas intermedias entre la ausencia y la presencia de código, cada una de las cuales es susceptible de selección: por ejemplo, tener un solo tipo de cofactor sería mejor que no tener ninguno, dos tipos de cofactor serían mejor que uno, etc. A este respecto, se parece a otras sugerencias para los orígenes de órganos complejos que podrían parecer inútiles antes de estar completamente formados: por ejemplo, las plumas ya eran útiles para mantener calientes a sus poseedores mucho antes de que sirviesen para volar.

Volvamos ahora a nuestro segundo problema, el origen del lenguaje humano. Este es un tema que tiene mala reputación entre los lingüistas. Tras la publicación de *El origen de las especies de Darwin* se propusieron muchas ideas acríticas sobre la evolución del lenguaje, hasta el punto de que, en 1866, la Academia Francesa de Lingüística anunció que su revista no aceptaría artículos sobre el origen del lenguaje. Esta reacción estaba probablemente justificada, pero ya es tiempo de reabrir la cuestión. De hecho, en los últimos años ha habido dos avances interesantes.

El primero concierne a la filogenia de los lenguajes humanos existentes. El enfoque filogenético del lenguaje no es nuevo ni mucho menos. Hasta la fecha, su máximo logro ha sido el reconocimiento de que las lenguas indoeuropeas for-

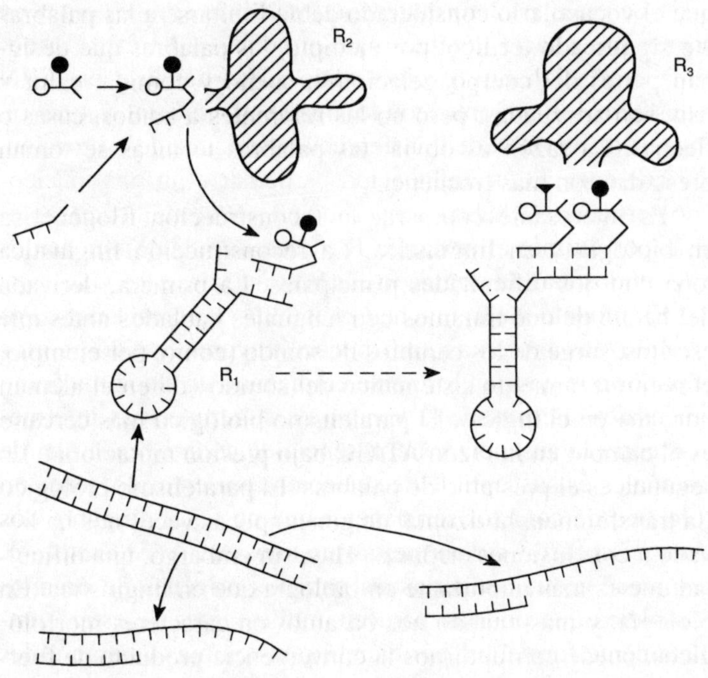

Figura 1. Una hipótesis del origen del código genético: véase la explicación en el texto. → indica cambios intracelulares; – – → indica cambio evolutivo.

man una única familia, con un ancestro común. Hasta hace poco, sin embargo, se pensaba que la extensión del intercambio verbal entre lenguas era tan grande que cualquier intento de descubrir una filogenia más honda estaba condenado al fracaso. Unos cuantos lingüistas se han rebelado contra esta opinión, principalmente en Rusia y Estados Unidos. Como pasa tantas veces en ciencia, el progreso ha ido aparejado a un refinamiento metodológico. En este caso, el paso crucial fue la insistencia en que las relaciones tenían que deducirse del vocabulario compartido antes que de la gramática (que cambia con bastante rapidez) y, lo que es más importante,

103

que el vocabulario considerado debía limitarse a las palabras sin significado técnico: por ejemplo, las palabras que designan partes del cuerpo, relaciones, sueño y comida, calor y frío, son adecuadas, pero no las referentes a arados, casas o flechas. La razón es obvia: las palabras técnicas se toman prestadas con más frecuencia.

Es interesante comparar la reconstrucción filogenética en biología y en lingüística. La reconstrucción lingüística topa con dos dificultades principales. La primera, derivada del hecho de que tratamos con lenguajes hablados antes que escritos, surge de los cambios de sonido (como, por ejemplo, el reemplazamiento sistemático del sonido «d» en el alemán por «th» en el inglés). El paralelismo biológico más cercano es el cambio en la razón AT/GC bajo presión mutacional. La segunda es el préstamo de palabras. El paralelismo biológico (la transferencia horizontal de genes) pocas veces nos ha llevado a conclusiones erróneas. Hay, sin embargo, una dificultad que es más importante en biología que en lingüística. En biología, y más cuando nos basamos en caracteres morfológicos, puede confundirnos la convergencia producto de fuerzas selectivas similares en distintos linajes: un ejemplo es la similitud entre los ojos de un vertebrado y un pulpo. En lingüística esto no es tan importante, porque las formas de la mayoría de palabras no están relacionadas con sus significados. Finalmente, como han demostrado Cavalli-Sforza y sus colegas, es posible contrastar las filogenias lingüísticas con datos genéticos. Quizá sea demasiado optimista pensar que llegaremos a reconstruir la lengua ur o un vocabulario ur, pero se están haciendo progresos reales en el establecimiento de relaciones más profundas entre las lenguas.

Este trabajo filogenético se basa en el supuesto de que todos los seres humanos tienen la misma aptitud lingüística. El lenguaje tiene que ver con la evolución cultural, no con la biológica. Para un biólogo, la cuestión más apasionante es el origen de la aptitud lingüística en sí. Ha habido un largo debate entre quienes, siguiendo a Skinner, ven el aprendizaje del lenguaje como un ejemplo más de aprendizaje humano, que se consigue mediante refuerzos adecuados (esto es, por medio de castigos y, más importante, premios), y quienes, siguiendo a Chomsky, argumentan que la capacidad de aprender a hablar es algo peculiar, y no un mero efecto secundario de un incremento general de la inteligencia. Los últimos aducen que hablar requiere la captación inconsciente de reglas gramaticales complejas, que posiblemente no podrían aprenderse tal como sugieren los conductistas.

Hoy se acepta ampliamente que el bando de Chomsky ha vencido en este debate. Dos argumentos han sido decisivos. El primero apunta a la pobre información que basta para que un niño pueda aprender a hablar. El niño escucha un número finito de frases, pero pronto aprende a construir un número indefinidamente grande. Esto implica que el niño ha aprendido las reglas que hay que seguir para generar enunciados gramaticalmente correctos, a pesar de que los padres raramente corrigen los errores que comete. El segundo argumento reside en la sutileza de las reglas gramaticales que deben aprenderse. Dos generaciones de programadores y lingüistas juntos no han resuelto todavía el problema de la traducción automática, mientras que un niño de seis años puede hablar dos lenguas con fluidez y traducir de una a otra sin problemas. A continuación discutiremos un tercer argumento, genético, para pensar que los seres humanos poseen una aptitud peculiar e innata para el lenguaje.

Es más fácil afirmar que la aptitud lingüística es innata que definir con precisión en qué consiste dicha aptitud. Parece ser que la producción y la comprensión del habla depende de dos capacidades. La primera es la capacidad de representar el significado a expresar en una estructura jerárquica mental: los componentes de esta estructura son los elementos representados, en el enunciado completo, por expresiones nominales, expresiones verbales, etc. La segunda es la capacidad de aprender las reglas para convertir esta estructura semántica en una secuencia lineal de sonidos (la «estructura superficial»). Estas reglas son, por supuesto, distintas para cada lengua; por ejemplo, en español el orden de las palabras comunica relaciones que en latín se comunican mediante declinaciones. Es tentador sugerir que la primera de las capacidades citadas pudo haber evolucionado con una función cognitiva más que comunicativa. El pensamiento requiere no sólo la capacidad de formar imágenes dentro de la cabeza de uno, sino de manipular dichas imágenes. Ser capaz de pensar: «dos leopardos treparon a ese árbol ayer: uno ha bajado, de manera que todavía hay un leopardo en el árbol», sería algo útil aunque uno no pudiese expresar este pensamiento con palabras. Podría ser relevante el que niños prelingüísticos ejecuten tareas mentales comparables. Un lingüista quizá pondría objeciones a esta sugerencia. De hecho, suele argumentarse que el pensamiento sólo puede verificarse en palabras. Esto parece dudoso. Jugando al ajedrez, uno podría pensar «si juego PxA, entonces mi oponente podría jugar C-A3 amenazando R y D, luego no debo tomar el alfil». Aunque, inevitablemente en aras de la comunicación, hemos expresado esta idea en palabras, el pensamiento sería en forma de imágenes visuales. Pero también es un pensamiento gramatical, como se desprende del uso de «si», «entonces» y «luego». Es como si los nombres y verbos hubiesen sido reemplazados por imágenes visuales, pero la gramática persiste. Lo que proporciona la gramática es la capacidad de ejecutar operaciones lógicas con imágenes y conceptos.

Sugerimos, por lo tanto, que la capacidad de formar y manipular conceptos evolucionó porque el pensamiento contribuía a la supervivencia, con independencia de su comunicabilidad. La idea no es original: por ejemplo, Bickerton (1990), un lingüista de orientación evolucionista, argumenta en esta línea. Es difícil imaginar, sin embargo, para qué podría servir la segunda capacidad, la de convertir la estructura semántica en una secuencia lineal de sonidos, si no es para la comunicación. ¿Cómo pudo evolucionar esta capacidad? Pinker y Bloom (1990) han argumentado que la aptitud lingüística es un órgano adaptativo complejo, comparable al ojo de los vertebrados o a las alas de las aves, y por lo tanto tiene que haber evolucionado por selección natural. Aunque, como los mismos autores subrayan, esto es algo obvio, hacía falta que lo afirmaran unos lingüistas. Al imaginar el origen del lenguaje, la mayoría de lingüistas se encontraba con la dificultad de concebir cualquier estado intermedio útil entre tener lenguaje y no tenerlo. Esta dificultad suele expresarse de la siguiente manera: si faltase alguna regla gramatical (como, por ejemplo, la que convierte una afirmación en pregunta) entonces habría ideas importantes que no podrían expresarse. Para los evolucionistas esta objeción es familiar en otros contextos. ¿Cuántas veces se nos ha dicho que el ojo no podría haber evolucionado por selección natural porque un ojo al que le faltase una parte (el iris, por ejemplo) no funcionaría? En el caso del ojo la objeción queda invalidada por la pervivencia de órganos sensibles a la luz con diversos grados intermedios de complejidad. Pero en el caso del lenguaje no hay grados intermedios. Ya es bastante complicado dilucidar cuál es la aptitud lingüística innata real sin entrar en los posibles estados intermedios de su evolución.

Felizmente, la solución a esta dificultad podría venir de una dirección inesperada. Gopnik (1990; véase también Gopnik y Crago, 1991) ha descrito una familia angloparlante entre cuyos miembros es corriente una discapacidad lingüística. Esta discapacidad se manifiesta en 15 de un total de 29 individuos a lo largo de tres generaciones. No se da en todos los hermanos, lo que invalida la explicación medioambiental (la de que los hijos emplean una gramática deficiente a imitación de sus padres). De hecho, la condición es hereditaria, con una herencia autosómica dominante de alta penetración. Es específica tanto por la naturaleza de la deficiencia gramatical, que describimos a continuación, como por el hecho de que no está asociada a defecto mental, sordera, trastorno psicomotriz o de personalidad. Los niños afectados tienen un desarrollo mental por lo demás normal.

Gopnik ha usado unas cuantas pruebas para diagnosticar la condición, pero su naturaleza se explica mejor transcribiendo algunas frases escritas por niños afectados (hemos acortado ligeramente algunas sin alterar, esperamos, su significado):

«Ella recordó cuando se lastima el otro día».

En esta frase el niño ha hecho un uso inapropiado de la forma de una palabra: aquí se requiere un cambio para expresar el pasado (lastimó). Los niños afectados tienen dificultades parecidas con los plurales: ante un dibujo de un libro aprenden que la palabra correspondiente es «libro», y que si hay varios entonces es «libros»; pero cuando se les muestra otro dibujo de un animal imaginario y se les dice que es un «bubo», y a continuación se les muestra un dibujo con varios de ellos, son incapaces de deducir que la palabra correspondiente es «bubos». El niño puede memorizar ejemplos particulares de singulares y plurales, o de tiempos verbales, de la misma forma que los demás aprendemos el significado de vocablos particulares como «caballo» y «vaca», pero no generaliza.

La incapacidad de generalizar queda ilustrada por la siguiente anécdota. En una redacción sobre lo que estuvo haciendo el fin de semana, una niña escribió:

«El sábado veo la tele».

Esta frase podría considerarse gramaticalmente correcta si hiciera referencia a lo que la niña acostumbra a hacer en sábado. Pero, con buen criterio, el maestro consideró que se refería a lo que la niña había hecho el fin de semana anterior, y corrigió el verbo. La semana siguiente la niña escribió:

«El sábado como y vi la tele y me fui a la cama».

108

La niña ha aprendido que el pasado del verbo ver es «vi», pero no lo ha generalizado a «comí». Sí sabe que el pasado de ir es «fui»; a fin de cuentas, esto debemos aprenderlo como caso particular, no por generalización.

Este hecho fascinante tiene algunas implicaciones importantes. Primero, los afectados tienen una gramática defectiva pero no ausente: se desenvuelven mucho mejor de lo que lo harían si no pudieran hablar en absoluto. En otras palabras, puede haber estados intermedios entre la aptitud lingüística perfecta y su ausencia. Segundo, la deficiencia es específica del lenguaje: no existe deficiencia mental. Esto confirma la opinión de Chomsky de que la aptitud lingüística no es una mera derivación de la inteligencia general. Tercero, sugiere una vía para la comprensión de la evolución del lenguaje.

Si, como parece muy probable, la deficiencia es causada por una mutación en un único gen autosómico, existe la posibilidad de localizar y caracterizar dicho gen. No está claro qué nos enseñaría esto. Si hay un gen de ese estilo, entonces seguramente hay más, aunque si las mutaciones son recesivas o de baja penetración serán más difíciles de identificar. Se sabe ya que la discapacidad lingüística específica no se reduce a esta sola familia. En una revisión de su epidemiología, por lo demás excelente, Tomblin (en preparación) parte del supuesto, que podría demostrarse equívoco, de que este trastorno es una entidad única. Vale la pena recordar cuán importante fue el reconocimiento por parte de Penrose (1949) de que el término «deficiencia mental» se estaba usando para abarcar cierto número de condiciones genéticamente distintas. Podemos esperar que en los próximos diez años se localicen unos cuantos genes, cada uno con un efecto diferente sobre la aptitud lingüística.

¿Qué nos dirá todo esto acerca de la naturaleza de la aptitud lingüística, si es que nos dice algo? Quizá no deberíamos ser demasiado optimistas. Durante más de cincuenta años los genéticos han creído que el estudio de genes con efectos específicos sobre el desarrollo era el mejor camino para comprender su funcionamiento. Hasta fechas muy recientes esta creencia estaba bastante poco justificada. Ahora los estudios con *Drosophila*, *Caenorhabditis*, *Arabidopsis* y ratones parecen estar dando el fruto prometido. Una disección genética de la gramática probablemente será mucho más laboriosa, en parte porque no sabemos claramente qué pretendemos explicar y en parte porque hay experimentos que pueden hacerse con moscas pero no con niños. Sin embargo, y a pesar de todos estos motivos para la cautela, las perspectivas de colaboración entre lingüistas y genéticos, tras un largo periodo de desconfianza mutua, son apasionantes.

REFERENCIAS

Bickerton, D., *Language and Species*, University of Chicago Press, Chicago, 1990.

Gopnik, M., «Feature-blind grammar and dysphasia», *Nature* 344 (1990), pág. 715.

Gopnik, M. y M.B. Crago, «Familiar aggregation of a developmental language disorder», *Cognition* 39 (1991), págs. 1-50.

Osawa, S., T.H. Jukes, K. Watanabe y A. Muto, «Recent evidence for evolution of the genetic code», *Microbiological Reviews* 56 (1992), págs. 229-264.

Penrose, L.S., *The Biology of Mental Defect*, Sidgwick & Jackson, Londres, 1949.

Pinker, S. y P. Bloom, «Natural language and natural selection», *The Brain and Behavioural Sciences* 13 (1990), págs. 707-784.

Szathmáry, E., «Coding coenzyme handles: a hypothesis for the origin of the genetic code», *Proceedings of the National Academy of Sciences USA* 90 (1993), págs. 9916-9920.

Tomblin, J.B., «Epidemiology of specific language impairment», en *Biological Aspects of Language*, ed. M. Gopnik, Oxford University Press, Oxford (en preparación).

Zaug, A.J. y T.R. Cech, «The intervening sequence of tRNA of *Tetrahymena* is an enzyme», *Science* 231 (1986), págs. 470-475.

7
¿ARN sin proteína o proteína sin ARN?
Christian de Duve

La respuesta a la pregunta planteada en el título de esta ponencia depende de lo que se entienda por «proteína». Si restringimos este término a los polipéptidos ensamblados sobre ribosomas según una secuencia de ARNm a partir de un conjunto de 20 L-aminoácidos ligados a moléculas de ARNt, entonces podemos asumir con seguridad que el ARN precedió a las proteínas en la evolución de la vida, ya que los componentes principales de la maquinaria sintetizadora de proteínas son moléculas de ARN. Esta es la visión plasmada en el modelo, hoy ampliamente aceptado, del «mundo de ARN» (Crick, 1968; Gilbert, 1986). Por otro lado, si hacemos extensiva la definición a cualquier clase de polipéptido, entonces es bastante posible que las proteínas hayan precedido al ARN, ya que los aminoácidos probablemente estaban entre los elementos de construcción biogénicos más abundantes en la Tierra prebiótica (Miller, 1992), y su polimerización espontánea, aunque no se verifique inmediatamente en un medio acuoso, es al menos más fácil de visualizar que el ensamblaje espontáneo de moléculas de ARN. Consideremos primero las proteínas *sensu stricto*. ¿Cómo se originaron tales moléculas?

De acuerdo con la hipótesis más razonable (Orgel, 1989; de Duve, 1991, 1995), las interacciones primarias entre aminoácidos y moléculas de ARN condujeron al engranamiento progresivo de una maquinaria de síntesis de péptidos rudimentaria. La evolución subsiguiente de este sistema contempló el desarrollo gradual de la traducción y el código genético. Este largo proceso evolutivo debe haber estado regido en primer lugar por la replicabilidad/estabilidad de las moléculas de ARN implicadas. Después, con el mejoramiento de la fidelidad en la traducción, las propiedades ventajosas de los péptidos sintetizados fueron adquiriendo importancia. Al final, las propiedades de los péptidos acabaron dominando el proceso evolutivo. Entre estas propiedades, las actividades catalíticas tuvieron sin duda un papel fundamental. Es probable que los enzimas polipeptídicos apareciesen en el curso de este proceso y se seleccionasen en virtud de su capacidad para catalizar alguna reacción química. Tal mecanismo de selección tiene una implicación interesante.

Supongamos una mutación conducente a la formación de un enzima que cataliza la conversión de A en B. Obviamente, dicho enzima no serviría de nada si A no estuviera ya presente. Por otro lado, tampoco serviría de mucho si no hubiera una demanda de B. Extendiendo este razonamiento a cada nuevo enzima que apareciera como resultado de alguna mutación y fuese retenido por la selección natural, llegamos a la conclusión de que muchos de los sustratos y productos de estos enzimas tienen que haber preexistido en el mundo de ARN. Veo en esto un fuerte argumento a favor de la propuesta (de Duve, 1993; 1995) de que el protometabolismo (el conjunto de reacciones químicas que generaron y mantuvieron el mundo de ARN) y el metabolismo (el conjunto de reacciones catalizadas por enzimas que mantienen la vida presente) deben haber sido en gran medida *congruentes*, esto es, deben haber seguido vías muy similares.

Esta conclusión es relevante para la cuestión central del origen mismo del ARN. A pesar del considerable esfuerzo invertido, aún no se ha encontrado una respuesta plausible a este problema (Joyce, 1991). La posibilidad de algún golpe de fortuna o fluctuación aleatoria, perpetuable de algún modo por replicación, no puede contemplarse. Estamos tratando con un conjunto de reacciones robusto, el núcleo del protometabolismo, el apuntalamiento del mundo de ARN durante todo el tiempo que requirió el desarrollo del metabolismo catalizado por enzimas. El argumento de la congruencia sugiere que deberíamos mirar más de cerca las vías biológicas de la síntesis del ARN para comprender la formación prebiótica de esta sustancia central. Esta visión choca con la idea comúnmente aceptada de que los mecanismos prebióticos deben haber sido muy distintos de los mecanismos metabólicos. Creo, sin embargo, que el argumento de la congruencia no es fácilmente refutable.

La concepción de una química abiótica no relacionada con la bioquímica se basa en que el metabolismo depende de las actividades catalíticas de enzimas proteínicos que no podían haber estado presentes en la Tierra prebiótica. De ahí la necesidad de identificar reacciones capaces de proceder sin catálisis o con la sola ayuda de catalizadores minerales. Este punto, sin embargo, se aplica sólo a los pasos necesarios para que la química abiótica produjera sus propios catalizadores. No hay razón para suponer que los ribozimas fueron los primeros catalizadores biológicos. La posibilidad de que los catalizadores peptídicos surgieran antes es perfectamente concebible y, de hecho, más factible químicamente. Es más, parece más probable que los catalizadores peptídicos poseyeran actividades similares a las de los enzimas actuales, como requiere el principio de la congruencia.

A diferencia de los ribozimas, los catalizadores peptídicos no podrían haberse replicado (al menos si el «Dogma Central» de Crick ya era válido hace cuatro mil millones de años) y, por lo tanto, no podrían haber estado sujetos a selección de variantes mutantes. Pero esto vale también para cualquier otro catalizador previo a los ribozimas —a menos que uno acepte la implicación de catalizadores minerales replicables (Cairns-Smith, 1982)— y apenas constituye una objeción contra la participación de catalizadores peptídicos en el protometabolismo. Todo lo que se habría necesitado era un

suministro estable y reproducible de péptidos que contuviese
todos los catalizadores requeridos. La condición de estabilidad y reproducibilidad podría haberse satisfecho por un conjunto estable de condiciones ambientales. En cuanto a la
condición de suficiencia catalítica, hay buenas razones para
pensar que unos péptidos relativamente simples ya habrían
poseído actividades catalíticas. Esta suposición se apoya en
lo que sabemos sobre la construcción modular de proteínas
y lo que sospechamos del tamaño de los primeros genes y
sus productos. De acuerdo con Eigen, para ser replicables
sin pérdida irrecuperable de información, los primeros genes
de ARN no podían haber tenido una longitud de más de 70-
100 nucleótidos (Eigen *et al.*, 1981), lo que significa que los
primeros productos de la traducción, entre los que presumiblemente estaban los primeros enzimas, no tenían más de
20-30 aminoácidos.

En cuanto a la formación prebiótica de péptidos, plantea
un problema extensivo a todas las reacciones de condensación prebióticas. En principio hay dos soluciones posibles.
O bien la condensación tuvo lugar en ausencia de agua,
como en la síntesis térmica de «proteinoides» de Fox (Fox y
Harada, 1958), o bien había algún agente condensante o acti-
vante disponible en el medio. Se ha sugerido a menudo la
posible implicación del pirofosfato o algún polifosfato. Yo
me decanto por los tioésteres (de Duve, 1991). El enlace tio-
estérico tiene un papel central y, con toda probabilidad, muy
antiguo en el metabolismo energético. Es más, en el presente
cierto número de péptidos bacterianos son de hecho sintetizados a partir de tioésteres de aminoácidos (Kleinkauf y von
Döhren, 1987). Esta reacción puede reproducirse en ausencia de catalizador en condiciones muy simples (Wieland,
1988).

Sean cuales fueren los mecanismos implicados, creo que
la hipótesis de la congruencia y de la intervención de catalizadores peptídicos en el mundo previo al mundo de ARN
descansa sobre una sólida base teórica. Podría contrastarse

en el laboratorio mediante mezclas de péptidos sintetizados aleatoriamente, en las cuales deberían poder detectarse catalizadores de tipo enzimático primitivos.

REFERENCIAS

Cairns-Smith, A.G., *Genetic Takeover and the Mineral Origins of Life*, Cambridge University Press, Cambridge, 1982.

Crick, F.H.C., «The origin of the genetic code», *Journal of Molecular Biology* 38 (1968), págs. 367-379.

De Duve, C., *Blueprint for a Cell*, Neil Patterson Publishers, Carolina Biological Supply Company, Burlington, NC, 1991.

De Duve, C., «The ARN world: before and after?», *Gene* 135 (1993), págs. 29-31.

De Duve, C., *Vital Dust: Life as a Cosmic Imperative*, Basic Books, Nueva York, 1995.

Eigen, M., W. Gardiner, P. Schuster y R. Winkler-Oswatitsch, «The origin of genetic information», *Scientific American* 244 (1981), págs. 88-118.

Fox, S.W. y K. Harada, «Thermal copolymerisation of amino acids in a product resembling protein», *Science* 128 (1958), pág. 1214.

Gilbert, W., «The ARN world», *Nature* 319 (1986), pág. 618.

Joyce, G.F., «The rise and fall of the ARN world», *New Biologist* 3 (1991), págs. 399-407.

Kleinkauf, H. y H. von Döhren, «Biosynthesis of peptide antibiotics», *Annual Reviews of Microbiology* 41 (1987), págs. 259-289.

Miller, S.L., «The prebiotic synthesis of organic compounds as a step toward the origin of life», en *Major Events in the History of Life*, ed. J.W. Schopf, Jones & Bartlett, Boston, 1992, págs. 1-28.

Orgel, L.E., «The origin of polynucleotide-directed protein synthesis», *Journal of Molecular Evolution* 29 (1989), págs. 465-474.

Wieland, T., «Sulfur in biomimetic peptide synthesis», en *The Roots of Modern Biochemistry*, eds. H. Kleinkauf, H. von Döhren y L. Jaenicke, Walter de Gruyter, Berlin, 1988, págs. 213-221.

8
«¿Qué es la vida?»: ¿tenía razón Schrödinger?
Stuart A. Kauffman

Hace medio siglo, en Dublín, una figura capital de la ciencia de este siglo anticipó el futuro de una ciencia que no era la suya. El libro resultante, *¿Qué es la vida?*, tiene el mérito de haber inspirado en algunas de las mentes más brillantes que se han adentrado en la biología la obra que dio nacimiento a la biología molecular (Schrödinger, 1944). El «librito» de Schrödinger es, en sí mismo, tan brillante como acredita su reputación. Pero después de medio siglo, y con ocasión de su homenaje, quizá podamos arriesgarnos a plantear una nueva pregunta: ¿es correcta la tesis central del libro? No pretendo menoscabar la reputación de una mente tan soberbia como la de Schrödinger, ni la de aquellos que se inspiraron en él. Al sugerir que su tesis podría ser errónea o incompleta lo que persigo, como todos los científicos inspirados por sus ideas, es continuar la búsqueda.

No sé si atreverme siquiera a plantear lo que voy a plantear, porque soy plenamente consciente de lo hondamente implantadas que están las respuestas de Schrödinger en nuestra visión de la vida desde Darwin y Weismann, y desde la formulación de la teoría del plasma germinal, con el gen como la necesaria forma estable de almacenamiento de variación heredable: «orden a partir del orden», respondió Schrödinger. Los grandes sólidos aperiódicos y el microcódigo mencionados por él se han convertido en el ADN y el código genético de hoy. Casi todos los biólogos están convencidos de que las estructuras moleculares autorreplicantes y el microcódigo son esenciales para la vida.

Confieso que yo no estoy del todo convencido. En el fondo, lo que se debate es hasta qué punto las fuentes de orden biológico residen predominantemente en las estructuras moleculares estables, la principal aseveración de Schrödinger, o en la dinámica colectiva de las moléculas. Schrödinger subrayó, correctamente, el papel fundamental de la mecánica cuántica, la estabilidad molecular y la posibilidad de una ontogenia dirigida por un microcódigo. En contra de esto, yo sospecho que las fuentes últimas de la autorreproducción y la estabilidad requeridas para la variación heredable, el desarrollo y la evolución, aunque requieren la estabilidad de las moléculas orgánicas, podrían también requerir propiedades de ordenación emergente en el comportamiento colectivo de los sistemas de reacciones químicas complejas fuera del equilibrio. La tesis que propongo es que tales sistemas químicos complejos pueden cruzar espontáneamente un umbral, o transición de fase, más allá del cual exhiben autorreproducción colectiva, evolución y un comportamiento dinámico exquisitamente ordenado. Las fuentes últimas de orden requeridas para la emergencia y la evolución de la vida podrían fundamentarse en nuevos principios relativos al comportamiento colectivo emergente en sistemas químicos lejos del equilibrio.

Resumiendo, y como anticipo de lo que sigue: aunque las intuiciones de Schrödinger sobre la vida presente eran correctas, sospecho que, en un sentido más profundo, eran incompletas. La formación de sólidos aperiódicos portadores de un microcódigo, el orden a partir del orden, podría no ser una condición ni necesaria ni suficiente para la emergencia y evolución de la vida. Por el contrario, ciertas dinámicas colectivas estables sí podrían ser necesarias y suficientes para que haya vida. Quiero subrayar que expongo estas cuestiones para someterlas a discusión, no como conclusiones establecidas.

El argumento de Schrödinger

Schrödinger comienza su discusión explicitando la visión del orden macroscópico de la mayoría de los físicos de su época y anteriores. Dicho orden, nos dice, consiste en promedios sobre conjuntos enormes de átomos y moléculas. El marco intelectual adecuado para este análisis es la mecánica estadística. La presión de un gas confinado en un volumen no es más que el comportamiento promedio de un gran número de moléculas rebotando en las paredes del recipiente. El orden macroscópico es un promedio, y no producto de un comportamiento ordenado de las moléculas individuales.

¿Pero cómo se explica el orden de los organismos y, en particular, cómo se explica la variación heredable? Schrödinger echa mano de datos de la época para estimar el número de átomos que podría contener un gen, y obtiene, correctamente, que no puede ser superior a unos pocos miles. El orden estadístico no es de ayuda aquí, argumenta, porque el número de átomos es demasiado pequeño para generar un comportamiento fiable. En los sistemas estadísticos la magnitud esperada de las fluctuaciones varía inversamente con la raíz cuadrada del número de sucesos. Obtener un 80% de «caras» en diez tiradas de una moneda no trucada no es algo extraordinario, pero sí lo sería después de diez mil tiradas. Con un millón de sucesos, señala Schrödinger, las fluctuaciones estadísticas serían del orden de 0,001, lo que no puede dar cuenta del orden presente en los organismos.

La mecánica cuántica, argumenta Schrödinger, acude al rescate de la vida. La mecánica cuántica asegura el que los sólidos tengan estructuras moleculares rígidamente ordenadas. Un cristal es el caso más simple. Pero los cristales son entes estructuralmente anodinos. Los átomos están dispuestos en una red tridimensional regular. Si conocemos las posiciones de los átomos en un «cristal unidad» mínimo, conoceremos las posiciones de los átomos en el cristal entero. Esto, obviamente, es una exageración, pues en las redes cristalinas puede haber defectos complejos; pero lo que está claro es que los cristales tienen estructuras muy regulares, de manera que, en cierto sentido, todas las partes de un cristal «dicen» lo mismo. Un cristal regular no puede codificar mucha información. Toda la información está contenida en la célula unidad.

Los sólidos tenían el orden requerido, pero Schrödinger sabía que los cristales periódicos eran demasiado regulares, así que apostó por los sólidos aperiódicos. La sustancia del gen, aventuró, es alguna forma de cristal aperiódico. Dicha aperiodicidad debería contener alguna clase de código microscópico que, de algún modo, controla el desarrollo del organismo. El carácter cuántico del sólido aperiódico implicaría la ocurrencia de pequeños cambios discretos, es decir, mutaciones. Operando sobre estos cambios discretos, la selección natural seleccionaría las mutaciones favorables tal como había propuesto Darwin.

Schrödinger tenía razón. Su libro merece la reputación de que goza. Han pasado cinco décadas y ahora conocemos la estructura del ADN. Existe, efectivamente, un código que va del ADN al ARN y de ahí a la estructura primaria de las proteínas. Esto habría sido un éxito maravilloso para cualquier científico, no digamos para un físico que se asoma por encima del muro de la biología.

Ahora bien, ¿es necesaria o suficiente la intuición de Schrödinger? ¿Es el orden contenido en el cristal aperiódico del ADN necesario o suficiente para la evolución de la vida, o para el orden dinámico visible en la vida presente? Sospecho que ni lo uno ni lo otro. Las fuentes últimas del orden quizá requieran el orden discreto de los enlaces químicos estables derivados de la mecánica cuántica, pero residen en otra parte. Las fuentes últimas del orden y la autorreproducción podrían residir en la emergencia de dinámicas colectivamente ordenadas en sistemas de reacciones químicas complejas.

La parte principal de este capítulo tiene dos secciones. La primera examina brevemente la posibilidad de que la emergencia misma de la vida no se fundamente en las propiedades replicativas del ADN o el ARN, sino en una transición de fase hacia conjuntos moleculares colectivamente autocatalíticos en sistemas termodinámicos abiertos. La segunda sección examina la emergencia de orden dinámico colectivo en redes de procesamiento en paralelo complejo. Los elementos de estas redes podrían ser genes cuyas actividades se regulan mutuamente, o polímeros catalizadores en un conjunto autocatalítico. Tales redes son sistemas termodinámicamente abiertos, y la fuente esencial del orden dinámico que exhiben reside en la convergencia de las trayectorias dinámicas hacia pequeños atractores en el espacio de fases del sistema.

Dado que pretendo sugerir que la convergencia hacia pequeños atractores en sistemas termodinámicos abiertos es una fuente primordial de orden en los organismos vivos, quiero acabar esta introducción exponiendo los antecedentes de la discusión de Schrödinger sobre las leyes estadísticas.

El punto central es simple: en los sistemas termodinámicos cerrados no hay convergencia en el espacio de fases apropiado. El carácter de las leyes estadísticas resultantes refleja esta falta de convergencia. Pero en algunos sistemas termodinámicos abiertos puede haber una convergencia masiva del flujo dinámico del sistema en su espacio de estados. Esta convergencia puede engendrar orden lo bastante deprisa para contrarrestar las fluctuaciones térmicas que siempre se dan.

La distinción crítica entre un sistema cerrado en equilibrio y un sistema abierto desplazado del equilibrio es ésta: en un sistema cerrado no se pierde información. El comportamiento del sistema es, en última instancia, reversible. Esto hace que los volúmenes fásicos se conserven. En los sistemas abiertos se pierde información en el entorno y el comportamiento del subsistema de interés es no reversible. El volumen fásico del subsistema puede entonces decrecer. No soy físico, pero intentaré exponer los temas de forma simple y, espero, correcta.

Consideremos un gas confinado en una caja, cerrado al intercambio de materia y energía. Cualquier disposición microscópica de las moléculas del gas es tan probable como cualquier otra. Los movimientos de las moléculas están gobernados por las leyes de Newton, lo que quiere decir que son microscópicamente reversibles y que la energía total del sistema se conserva. Cuando las moléculas colisionan la energía se intercambia pero no se pierde. La «hipótesis ergódica», una especie de acto de fe que funciona, afirma que, mientras se verifican estas colisiones moleculares, el sistema entero visita todos los microestados posibles con la misma frecuencia. Así, la probabilidad de que el sistema esté en cualquier macroestado es exactamente igual al número fraccionario de microestados correspondientes a ese macroestado.

El teorema de Liouville establece que los volúmenes en el espacio de fases correspondientes al flujo de un sistema en equilibrio se conservan. Para un sistema con N moléculas de gas, la posición y el momento actual de cada molécula en el espacio tridimensional pueden representarse por seis números, de manera que en un espacio $6N$ dimensional el estado actual del volumen total de gas queda representado por un único punto. Consideremos un conjunto de estados iniciales casi idénticos. Los puntos correspondientes ocupan cierto volumen en el espacio de fases. El teorema de Liouville afirma que, a medida que las moléculas colisionan en cada copia del recipiente de gas, el volumen correspondiente en el espacio de fases se traslada, se deforma y se desparrama por el espacio de fases. Pero el volumen total en el espacio de fases permanece constante. No hay convergencia del flujo en el espacio de fases. Dado que el volumen fásico es constante, y dada la hipótesis ergódica, las probabilidades de los macroestados son simplemente proporcionales al número relativo de microestados dentro de cada macroestado, normalizado con respecto al número total de microestados.

Alternativamente, supongamos que el flujo del sistema en el espacio de fases permite que el volumen fásico inicial se contraiga progresivamente hacia un único punto o un pequeño volumen. Entonces el comportamiento espontáneo del sistema fluiría hacia una o unas pocas configuraciones. ¡Emergería orden! Naturalmente, una tal convergencia no puede darse en un sistema termodinámico cerrado y en equilibrio. Si así fuese, la entropía disminuiría en vez de aumentar en el sistema total.

Está claro que la emergencia de esta clase de orden requiere como condición necesaria que el sistema sea termodinámicamente abierto al intercambio de materia y energía. Este intercambio permite que parte de la información del subsistema de interés se pierda en el entorno. Un físico diría que se pierden «grados de libertad» (las diversas maneras en que las moléculas pueden moverse e interactuar) en el baño térmico del entorno.

Así pues, la clase de orden dinámico que buscamos sólo puede surgir en sistemas fuera del equilibrio, lo que Prigogine ha llamado «estructuras disipativas». Remolinos, reacciones de Zhabotinsky, células de Bénard y otros ejemplos son ahora familiares. Sin embargo, es esencial subrayar que el desplazamiento del equilibrio termodinámico es sólo una condición necesaria, no suficiente, para la emergencia de dinámicas altamente ordenadas. La fábula de la mariposa en Río de Janeiro cuyas alas crean caos meteorológico puede adoptar muchas versiones en los sistemas químicos complejos lejos del equilibrio, y el caos generado impediría la emergencia y la evolución de la vida. En la tercera sección de este capítulo retornaré a la emergencia del comportamiento dinámico colectivamente ordenado en sistemas abiertos fuera del equilibrio.

El origen de la vida como transición de fase

Los cristales aperiódicos contemplados por Schrödinger ya no son ningún misterio. Desde que Watson y Crick señalaran, no sin cierta modestia, que la estructura en forma de plantillas complementarias de la doble hélice del ADN presagiaba su modo de replicación, casi todos los biólogos se han adherido a alguna versión de esta idea como condición necesaria para la emergencia de sistemas moleculares autorreproductivos. Los candidatos favoritos ahora mismo son las moléculas de ARN o algún polímero similar. La esperanza es que tales polímeros pudieran actuar como plantillas para su propia replicación en ausencia de catalizadores externos.

Los esfuerzos para conseguir la replicación de secuencias de ARN en ausencia de enzimas han tenido hasta ahora un éxito limitado. Leslie Orgel, una de las eminencias presentes en este congreso, ha trabajado denodadamente para lograr dicha replicación molecular (Orgel, 1987). Él, mejor que yo, podría resumirnos las dificultades. La síntesis abiótica de nucleótidos es complicada, porque las moléculas tienden a formar enlaces 2'-5' en vez de los enlaces 3'-5' requeridos. Lo que se prentende es obtener una secuencia arbitraria de las cuatro bases normales del ARN y usarla como plantilla para ensamblar la secuencia complementaria mediante apareamiento por enlaces de hidrógeno, de manera que los nucleótidos alineados formen los enlaces 3'-5' apropiados sobre dicha plantilla inicial, repitiendo luego el ciclo para producir un número exponencial de copias. Hasta ahora esto no ha funcionado, y hay buenas razones químicas para ello. Por ejemplo, una hebra simple que contenga más C que G servirá de plantilla para una hebra complementaria, conforme a lo esperado. Pero esta segunda hebra, con más G que C, tenderá a formar enlaces G-G. Esto hace que la molécula se pliegue, con lo que ya no puede servir de nueva plantilla.

Con el descubrimiento de los ribozimas y la hipótesis de un mundo de ARN, una nueva y atractiva esperanza es que una molécula de ARN pudiese funcionar como polimerasa, capaz de copiarse a sí misma y a cualquier otra molécula de ARN. Jack Szostak, de la Escuela de Medicina de Harvard, está intentando conseguir la evolución de dicha polimerasa *de novo*. Si tiene éxito, será un *tour de force*. Pero no estoy convencido de que una molécula así sea la respuesta a la emergencia de la vida. Parece una estructura demasiado rara para haberse formado por azar. Y, aun aceptando esto, no tengo claro que esta primera «molécula viva» pudiese evolucionar. Como cualquier enzima, dicha molécula cometería errores al replicarse formando copias mutantes. Éstas competirían con la polimerasa «salvaje», y serían más propensas a cometer errores, de manera que las ARN polimerasas mutantes tenderían a generar nuevas ARN polimerasas mutantes aún peores. Podría producirse una «catástrofe de error» del tipo sugerido por Orgel en relación al código y su traducción. No sé hasta qué punto esto es cierto, pero creo que vale la pena analizar el problema.

Cuando uno contempla la simétrica belleza de la doble hélice del ADN, uno se ve forzado a admitir la belleza simple de la hipótesis correspondiente. Seguramente tales estructuras fueron las primeras moléculas vivas. ¿O no? ¿Podría tener la vida raíces más profundas? Vamos a explorar esta posibilidad.

Los organismos de vida libre más simples son los micoplasmas. Estas formas bacterianas derivadas tienen del orden de 600 genes que codifican proteínas a través de la maquinaria estándar. Los micoplasmas poseen membranas pero no pared celular. Viven en medios muy ricos, como los pulmones de ovejas y seres humanos, donde pueden satisfacer sus requerimientos de una variedad relativamente amplia de moléculas exógenas pequeñas.

¿Por qué los entes vivos más simples tienen que contener del orden de 600 clases de polímeros y un metabolismo con unas 1000 moléculas pequeñas? ¿Y cómo se reproduce un micoplasma, después de todo? Contestaremos primero la segunda pregunta, porque la respuesta es simple y vital. La célula micoplasmática se reproduce mediante una forma de autocatálisis colectiva. De hecho, ninguna especie molecular dentro del micoplasma se replica por sí sola. Esto es algo sabido, pero tiende a ignorarse. El ADN del micoplasma se replica gracias a la actividad coordinada de una hueste de enzimas celulares. Éstos, a su vez, son sintetizados de manera estándar a partir de secuencias de ARN mensajero. Como todos sabemos, el código sólo es traducido de ARN a proteínas con la ayuda de proteínas codificadas: las sintetasas que cargan cada ARN de transferencia con el aminoácido correspondiente para su ensamblaje posterior en el ribosoma. Las moléculas de la membrana celular se forman catalíticamente a partir de intermediarios metabólicos. Todo esto nos es familiar. Ninguna molécula del micoplasma se replica por sí sola. El sistema entero es colectivamente autocatalítico. La formación de cada especie molecular está catalizada por alguna otra especie molecular producida dentro del sistema o incorporada como «comida».

Si el micoplasma es un sistema colectivamente autocatalítico, también lo son todas las células de vida libre. En ninguna célula hay moléculas que se repliquen sin ayuda. Habría que preguntarse entonces por qué la complejidad mínima encontrada en las células de vida libre es del orden de 600 polímeros proteínicos y 1000 moléculas pequeñas. No tenemos respuesta. Si se asume la hipótesis estándar de que secuencias de ARN unicatenario podrían servir de plantilla y ser capaces de replicarse sin otros enzimas, habría que preguntarse por qué tiene que haber un mínimo de complejidad. Pero esta hipótesis no puede dar una respuesta satisfactoria a la pregunta de por qué se observa una complejidad mínima en todas las células de vida libre. Lo único que la avala es la simplicidad de la replicación génica «desnuda». Todo lo que podríamos responder es que, al cabo de 3450 millones de

126

años, las células de vida libre más simples resultan tener la complejidad del micoplasma. Nos tenemos que conformar con un mero «la evolución es así».

A continuación voy a presentar, en forma resumida, un cuerpo de teoría edificado durante los últimos ocho años en solitario y con mis colegas (Kauffman, 1971, 1986, 1993; Farmer *et al.*, 1986; Bagley *et al.*, 1992). Ideas similares fueron adelantadas independientemente por Rossler (1971), Eigen (1971) y Cohen (1988). El concepto central es que, en sistemas de reacciones químicas lo bastante complejos, existe una diversidad crítica de especies moleculares. Por encima de esta diversidad crítica, la probabilidad de que exista un subsistema colectivamente autocatalítico tiende a 1.

Las ideas centrales son simples. Consideremos un espacio de polímeros que incluya monómeros, dímeros, trímeros, etc. Concretando más, los polímeros podrían ser cadenas de ARN, péptidos u otros. Luego eliminaremos esta restricción polimérica y consideraremos sistemas de moléculas orgánicas.

Sea M la longitud máxima de los polímeros considerados. Contemos el número de polímeros en el sistema de longitud menor o igual que M. Es fácil ver que el número de polímeros en el sistema aumenta exponencialmente con M. Así, dados 20 aminoácidos distintos, la diversidad total de polímeros de longitud menor o igual que M es algo mayor que 20^M. La diversidad total de cadenas de ARN es algo mayor que 4^M.

Consideremos ahora todas las reacciones de escisión y ligamiento en el conjunto de polímeros de longitud menor o igual que M. Claramente, un polímero orientado como puede ser un péptido o cadena de ARN de longitud M puede obtenerse de $M - 1$ maneras por fusión de cadenas menores. Así, en el sistema de polímeros de longitud menor o igual que M hay ciertamente muchos polímeros, pero todavía hay más reacciones de escisión y ligamiento mediante las cuales estos polímeros pueden interconvertirse. De hecho, el número de reacciones de escisión y ligamiento por polímero aumenta linealmente con M.

Definamos un grafo de reacciones entre un conjunto de polímeros. En general, podríamos pensar en reacciones con un sustrato y un producto, un sustrato y dos productos, dos sustratos y un producto, y dos sustratos y dos productos. Entre las de esta última clase están las reacciones de transpeptidación y transesterificación, en las que pueden participar las cadenas peptídicas o de ARN. Un grafo de reacciones representa el conjunto de sustratos y productos, que pueden ser dibujados como puntos o nodos en un espacio bidimensional. Cada reacción puede indicarse con una pequeña «caja de reacción» circular. Los sustratos y productos se conectan con la caja de reacción correspondiente mediante flechas. Ya que todas las reacciones son al menos débilmente reversibles, los sentidos de las flechas son meramente indicativos. El grafo de reacciones es la colección completa de nodos, cajas y flechas, y muestra todas las reacciones posibles entre las moléculas del sistema.

La implicación de la combinatoria química antes apuntada es que, conforme aumenta la diversidad de polímeros en el sistema, aumenta también la razón reacciones/moléculas. Esto significa que aumenta la razón flechas/nodos. A medida que aumenta la diversidad de moléculas en el sistema, el grafo de reacciones se hace cada vez más denso, cada vez más ricamente interconectado con posibilidades de reacción.

En un sistema reactivo de esta clase siempre se cumple que algunas reacciones se dan espontáneamente con cierta velocidad. Ignoraremos de momento estas reacciones espontáneas para centrarnos en la siguiente cuestión: *¿en qué condiciones emergerá un conjunto de moléculas colectivamente autocatalítico?* Mi intención es demostrar que, bajo una amplia variedad de hipótesis sobre el sistema, emergerán conjuntos autocatalíticos cuando se alcance una diversidad crítica.

Comenzaré llamando la atención sobre una transición de fase bien conocida en grafos aleatorios. Desparramemos

128

diez mil botones por el suelo y conectémoslos dos a dos con hilos rojos al azar. Esta colección de hilos y botones es un grafo aleatorio. Más formalmente, un grafo aleatorio es un conjunto de nodos conectados al azar con un conjunto de aristas. Cada cierto tiempo podemos levantar un botón para ver cuántos botones se elevan junto con él. Un conjunto de botones así conectado en un grafo aleatorio se llama componente. Hace algunas décadas, Erdos y Renyi (1960) demostraron que tales sistemas experimentan una transición de fase cuando la razón aristas/nodos pasa de 0,5. Por debajo de este valor (cuando el número de aristas es, digamos, el 10% del número de nodos) cualquier nodo estará conectado directa o indirectamente con sólo unos pocos nodos más. Pero cuando se supera el valor 0,5, súbitamente la mayoría de nodos queda conectada en un único componente gigante. De hecho, si el número de nodos fuera infinito, entonces al pasarse el umbral del 0,5 el tamaño del componente mayor saltaría discontinuamente de muy pequeño a infinito. El sistema exhibe una transición de fase de primer orden. La idea es simple: cuando se conecta un número suficiente de nodos, incluso al azar, literalmente cristaliza un componente gigante interconectado.

No tenemos más que aplicar esta idea a nuestro grafo reactivo. Nos centraremos en las reacciones catalizadas. Necesitaremos una teoría sobre qué polímeros catalizan qué reacciones. Dada una variedad de tales teorías, extraeremos una consecuencia simple: a medida que aumenta la diversidad molecular del sistema, aumenta la razón reacciones/moléculas. Así, para casi cualquier modelo de qué polímeros catalizan qué reacciones, a partir de cierta diversidad casi todo polímero catalizará al menos una reacción. A esa diversidad crítica cristalizará en el sistema un componente gigante de reacciones catalizadas conectadas. Si los polímeros que actúan como catalizadores son a su vez productos de reacciones catalizadas, el sistema se hará colectivamente autocatalítico.

Este paso es fácil. Consideremos un modelo simple, en realidad supersimple, de qué polímero cataliza qué reacción. Relajaré un tanto la idealización que efectuaré más adelante. Supongamos que cualquier polímero tiene una probabilidad fija, digamos uno entre mil millones, de poder actuar como catalizador para cualquier reacción escogida al azar. Ahora consideremos nuestro grafo de reacciones en un punto en el que la diversidad molecular del sistema es tal que hay mil millones de reacciones por molécula, y supongamos que las moléculas en cuestión son polímeros candidatos a catalizar las reacciones entre ellos mismos. En ese caso, alrededor de una reacción por polímero será catalizada. Un componente gigante cristalizará en el sistema. Y, pensando un poco, está claro que es casi seguro que el sistema contendrá subsistemas colectivamente autocatalíticos. La autorreproducción ha emergido a una diversidad crítica, debido a una transición de fase en un grafo de reacciones químicas.

La figura 2 muestra dicho conjunto colectivamente autocatalítico. El punto más destacable es la casi inevitable propiedad emergente de tales sistemas, así como una especie de holismo impenitente. Con una diversidad menor el grafo resultante contiene sólo unas pocas reacciones catalizadas por moléculas del sistema. No hay conjuntos autocatalíticos. A medida que aumenta la diversidad crece el número de reacciones catalizadas por moléculas del sistema. De pronto surge una red conectada de reacciones catalizadas que abarca los propios catalizadores. Súbitamente se logra la clausura catalítica. Un sistema «vivo», autorreproductivo al menos en su versión de silicio, ve la luz.

Más aún, esta cristalización requiere una diversidad crítica. Un sistema más sencillo simplemente no logra la clausura catalítica. Comenzamos a tener un candidato a teoría profunda para la diversidad mínima de las células de vida libre. Aquí no cabe decir que «las cosas son así»: los sistemas más simples no pueden conseguir o mantener la clausura autocatalítica.

130

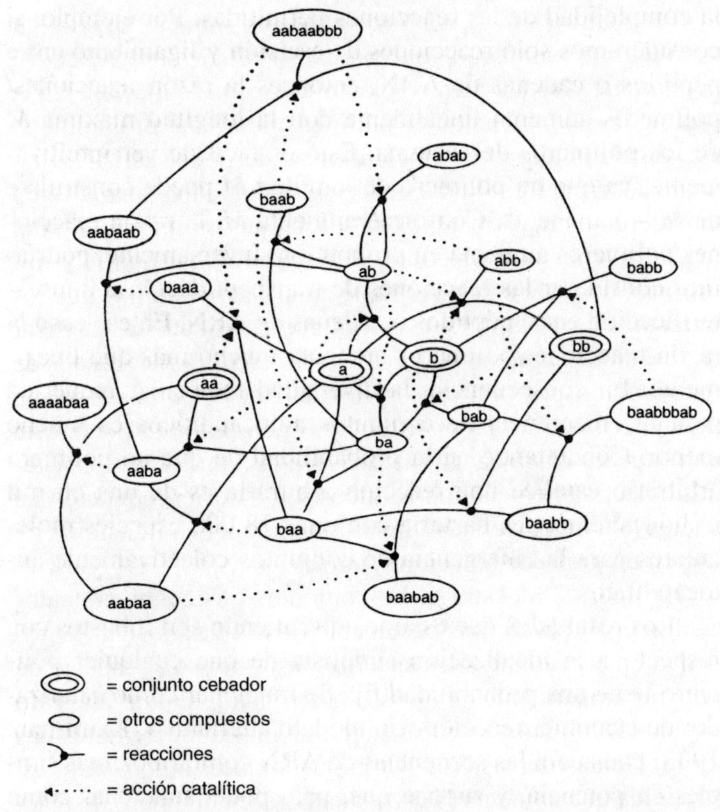

Figura 2. Un conjunto autocatalítico típico de pocos elementos. Las reacciones se representan por puntos que conectan los productos de escisión con el polímero ligado correspondiente. Las líneas de puntos indican catálisis, y van del catalizador a la reacción catalizada. Los monómeros y dímeros de A y B constituyen el conjunto cebador mantenido (elipses dobles).

La diversidad molecular requerida para cruzar la transición de fase depende de dos factores principales: *(1)* la razón reacciones/moléculas, y *(2)* la distribución de probabilidades de que las moléculas del sistema catalicen las reacciones entre ellas mismas. La razón reacciones/moléculas depende de

131

la complejidad de las reacciones permitidas. Por ejemplo, si consideramos sólo reacciones de escisión y ligamiento entre péptidos o cadenas de ARN, entonces la razón reacciones/polímeros aumenta linealmente con la longitud máxima M de los polímeros del sistema. Esto es fácil de ver intuitivamente, ya que un polímero de longitud M puede construirse de $M - 1$ maneras. Conforme aumenta M, la razón reacciones/polímeros aumenta en proporción. Inversamente, podríamos considerar las reacciones de transpeptidación o transesterificación entre péptidos o cadenas de ARN. En ese caso la razón reacciones/polímeros aumenta mucho más que linealmente. En consecuencia, la diversidad molecular requerida para la emergencia de conjuntos autocatalíticos es mucho menor. Concretando, si la probabilidad de que un polímero arbitrario catalice una reacción arbitraria es de una en mil millones, entonces bastaría con unas 18 000 especies moleculares para la emergencia de conjuntos colectivamente autocatalíticos.

Los resultados que estamos discutiendo son robustos con respecto a la idealización simplista de que cualquier polímero tiene una probabilidad fija de funcionar como catalizador de cualquier reacción. Un modelo alternativo (Kauffman, 1993) considera las secuencias de ARN como ribozimas simples en potencia, y supone que, para poder funcionar como ligasa específica, el ribozima candidato debe encajar con los tres nucleótidos del extremo 5' de un sustrato y con los tres nucleótidos del extremo 3' de un segundo sustrato. Recientemente, Von Kiederowski (1986) ha generado ligasas específicas de esta clase, y ciertamente forman conjuntos autocatalíticos pequeños. Un hexámero liga dos trímeros que luego constituyen el hexámero. Más recientemente, el mismo Von Kiederowski ha creado sistemas de catálisis cruzada con reproducción colectiva (comunicación personal, 1994). En línea con estos resultados, Bagley y yo mismo hemos concebido un modelo de sistema de ARN para ver qué otras propiedades podría requerir un ARN candidato para actuar como catalizador, asumiendo que todo candidato continuaba teniendo una posibilidad entre un millón de funcionar como ligasa específica. De nuevo emergen conjuntos colectivamente autocatalíticos a partir de una diversidad crítica de cadenas de ARN en el sistema. Los resultados son presumiblemente robustos, lo que quiere decir que seguirán siendo válidos para una amplia variedad de modelos sobre la distribución de aptitudes catalíticas entre conjuntos de polímeros u otras moléculas orgánicas. Enseguida discutiré las vías experimentales para abordar la creación de tales sistemas colectivamente autocatalíticos.

Si esta visión es correcta, entonces la emergencia de la vida no depende de las propiedades de complementariedad del ADN, el ARN u otros polímeros similares. En vez de eso, las raíces de la vida se hunden en la catálisis misma y en la combinatoria química. Si esto es correcto, entonces las rutas hacia la vida podrían ser anchas avenidas de probabilidad, no callejones de rara contingencia.

Ahora bien, ¿cómo pueden evolucionar estos sistemas colectivamente autocatalíticos sin un genoma en el sentido familiar del término? Y si lo hacen, ¿cuáles son las implicaciones para nuestra tradición científica desde Darwin, Weismann y el propio Schrödinger? Porque, si los sistemas autorreproductores pueden evolucionar sin un depositario macromolecular estable de información genética, entonces la sugerencia de Schrödinger de los sólidos aperiódicos no es necesaria para la emergencia y evolución de la vida.

En efecto, al menos en las simulaciones informáticas, los sistemas colectivamente autocatalíticos pueden evolucionar sin necesidad de genoma. Primero, tengo que decir que mis colegas Farmer y Packard y yo mismo (1986) hemos demostrado, imponiendo condiciones termodinámicas realistas en simulaciones de reactores químicos con agitación, que efectivamente emergen sistemas autocatalíticos. Es más, como parte de su tesis, Bagley ha demostrado que, frente a una tendencia a la escisión en medio acuoso, tales sistemas pueden alcanzar y mantener altas concentraciones de polímeros virtuales grandes. Además, dichos sistemas pueden «sobrevivir» aunque el medio «nutriente» se modifique de diversas maneras, pero «mueren» —es decir, colapsan— si se retiran otras materias nutrientes del reactor. Pero los resultados más interesantes son seguramente los que demuestran que, hasta cierto punto, tales sistemas pueden evolucionar sin necesidad de genoma. Bagley *et al.* (1992) partieron de la idea razonable de que las reacciones espontáneas que persisten en el conjunto autocatalítico tenderán a originar moléculas ajenas al propio conjunto. Dichas moléculas nuevas forman una suerte de penumbra de especies moleculares alrededor del conjunto autocatalítico. Éste puede evolucionar incorporando algunas de estas moléculas nuevas, para lo cual bastará con que una o más de estas especies moleculares a la sombra fluctúe hasta una concentración modesta, y que estas moléculas ayuden luego a los catalizadores de su propia formación presentes en el conjunto autocatalítico. Si ocurre esto, el conjunto se amplía para incluir estas nuevas especies moleculares. Presumiblemente, si algunas moléculas pueden inhibir reacciones catalizadas por otras moléculas, la adición de nuevas especies moleculares llevará a veces a la eliminación de especies moleculares más viejas.

Resumiendo, los conjuntos autocatalíticos pueden evolucionar sin genoma, al menos *in silico*. Ninguna estructura macromolecular estable porta información genética en ningún sentido usual. El conjunto de moléculas y las reacciones que experimentan y catalizan constituyen el «genoma» del sistema. El comportamiento dinámico estable de este sistema autorreproducible de reacciones acopladas constituye la heredabilidad fundamental que exhibe. La capacidad de incorporar especies moleculares nuevas, y quizás eliminar viejas, constituye la variación heredable. Entonces, y de acuerdo con Darwin, tales sistemas pueden evolucionar por selección natural.

Si estas consideraciones son correctas, me permito afirmar que el requerimiento sugerido por Schrödinger de un sólido aperiódico como portador estable de información heredable no es necesario para la emergencia de la vida o su evolución. En este sentido, el orden a partir del orden podría no ser necesario.

Por último, me gustaría mencionar brevemente algunos enfoques experimentales de estas cuestiones. La cuestión fundamental es ésta: si se encierra una diversidad de polímetros lo bastante grande junto con las moléculas menores de que están compuestos, más alguna otra fuente de energía química, en un volumen lo bastante pequeño y en las condiciones apropiadas, ¿emergerían conjuntos colectivamente autocatalíticos? Estos nuevos enfoques experimentales explotan las nuevas posibilidades de la genética molecular. Hoy día es factible clonar ADN, ARN y péptidos esencialmente aleatorios, lo que permite crear una diversidad extremadamente alta de estos biopolímeros (Ballivet y Kauffman, 1985; Devlin *et al.*, 1990; Ellington y Szostak, 1990). Ahora mismo se están explorando colecciones con diversidades de hasta trillones de secuencias. Así, por primera vez es posible considerar la creación de sistemas de reacciones de alta diversidad molecular confinados en pequeños volúmenes que posibiliten interacciones rápidas. Por ejemplo, dichos polímeros podrían introducirse no ya en reactores de flujo continuo, sino en liposomas, micelas y otras estructuras vesiculares que proporcionan superficies y una frontera entre un medio interno y un medio externo. A partir del ingenioso diseño de conjuntos colectivamente autocatalíticos por von Kiederowski (comunicación personal, 1994), sabemos que tales conjuntos moleculares colectivamente autocatalíticos pueden generarse *de novo*. La teoría de la transición de fase que he bosquejado sugiere que la «cristalización» de redes de reacciones conectadas y colectivamente autocatalíticas es una propiedad emergente, espontánea, de cualquier sistema de polímeros catalíticos lo bastante complejo, aun sin un diseño estructural intencionado de la red por parte del químico.

La emergencia de autocatálisis colectiva depende de lo fácil que sea generar polímeros capaces de funcionar como sustratos y como catalizadores a la vez. Esto no debería resultar extremadamente difícil. La existencia de anticuerpos catalíticos sugiere que para encontrar un anticuerpo capaz de catalizar una reacción arbitraria podría ser necesario descartar entre uno y mil millones de moléculas. El sitio de unión dentro de la región en V de una molécula de anticuerpo viene a ser un conjunto de varios péptidos aleatorios, correspondiente a las regiones determinantes del complemento, que se mantiene en su sitio gracias al resto de la estructura. Así, las colecciones de péptidos o polipéptidos más o menos aleatorios son candidatos razonables para servir como sustratos y catalizadores a la vez. De hecho, un trabajo reciente en colaboración con mis discípulos Thomas LaBean y Tauseef Butt ha demostrado que tales polipéptidos aleatorios tienden rápidamente a plegarse en un estado globular, y muchos de ellos muestran un plegado y desplegado cooperativo en condiciones de desnaturalización gradual, lo que sugiere que el plegamiento, aunque sea modesto, podría ser una propiedad corriente de las secuencias de aminoácidos (LaBean *et al.*, 1990, 1994). Los resultados sugieren también que los polipéptidos aleatorios podrían muy bien desempeñar diversas funciones ligantes y catalíticas. Una evidencia previa que apoya esta idea es la presencia de hexapéptidos aleatorios en la cubierta exterior de fagos filamentosos. La probabilidad de encontrar un péptido susceptible de unirse a un anticuerpo monoclonal contra otro péptido es del orden de uno entre un millón (Devlin *et al.*, 1990; Scott y Smith, 1990; Cwirla *et al.*, 1990). Dado que el ensamblaje de un ligando y el de un estado de transición de una reacción son similares, estos resultados, junto con el hallazgo de anticuerpos catalíticos, sugieren que los péptidos aleatorios pueden catalizar con bastante prontitud reacciones entre péptidos u otros polímeros. Las secuencias aleatorias de ARN son asimismo candidatos interesantes. Investigaciones recientes con colecciones de secuencias de ARN aleatorias que se acoplan a un ligando arbitrario sugieren que las posibilidades de éxito vienen a ser de una entre mil millones (Ellington y Szostak, 1990). Resultados aún más recientes sugieren que las posibilidades de encontrar una secuencia que pueda catalizar una reacción arbitraria son de una entre un billón. Esto podría indicar que es más fácil hallar péptidos aleatorios susceptibles de catalizar una reacción arbitraria. Todos estos resultados, junto con estimaciones groseras del número de reacciones que pueden darse en tales sistemas, sugieren que diversidades de entre 100 000 y 1 000 000 de polímeros de longitud 100 podrían generar autocatálisis colectiva.

Las fuentes del orden dinámico

Aunque la sugerencia de Schrödinger no sea necesaria para la emergencia de la vida, ¿podría ser al menos que el cristal aperiódico de ADN fuese necesario o suficiente para asegurar la variación heredable? La respuesta, como voy a justificar a continuación, es «no». Claramente, el microcódigo contenido en la macroestructura aperiódica es insuficiente para asegurar el orden. El genoma especifica una vasta red de procesamiento en paralelo. El comportamiento dinámico de dicha red podría ser catastróficamente caótico, lo que imposibilitaría cualquier heredabilidad seleccionable de los caprichosos comportamientos del sistema codificado. La codificación en una estructura estable tal como el ADN no puede asegurar por sí sola un comportamiento del sistema lo bastante ordenado para permitir la variación heredable y seleccionable. Es más, me propongo sugerir que la codificación en una macroestructura aperiódica estable no es necesaria para lograr el comportamiento dinámico estable requerido para la variación heredable y seleccionable de colectivos autocatalíticos primitivos, y hasta de organismos más avanzados. Lo que quizá sí se requiera es que el sistema pertenezca a cierta clase de sistemas termodinámicos abiertos susceptibles de exhibir en su espacio de estados una poderosa convergencia hacia pequeños atractores dinámicos estables. Por otro lado, el sistema abierto debe poder descartar información, o grados de libertad, lo bastante rápido para contrarrestar las fluctuaciones térmicas y demás.

A continuación resumiré brevemente el comportamiento de las redes aleatorias booleanas. Estas redes fueron introducidas para modelar los reguladores genómicos que coordinan las actividades de los miles de genes y productos génicos dentro de cada célula de un organismo en desarrollo (Kauffman, 1969). Las redes aleatorias booleanas son ejemplos de sistemas fuera del equilibrio altamente ordenados y con procesos masivamente paralelos, y son objeto de interés creciente entre físicos, matemáticos y demás (Kauffman, 1984, 1986, 1993; Derrida y Pommeau, 1986; Derrida y Weisbuch, 1986; Stauffer, 1987).

Las redes aleatorias booleanas son sistemas termodinámicos abiertos, desplazados del equilibrio por una fuente de energía exógena. Se trata de sistemas de variables binarias (activa-inactiva) gobernadas por reglas de conmutación lógica, lo que se conoce como funciones booleanas (llamadas así en honor de George Boole, lógico británico que inventó la lógica matemática en el siglo pasado). Así, una variable binaria puede recibir entradas de otras dos y activarse a continuación sólo si ambas entradas, la una Y la otra, estaban activadas. Esta es la función booleana «Y». Alternativamente, una variable binaria con dos entradas se activará cuando una entrada O la otra (o ambas) estén previamente activadas. Esta es la función booleana «O».

La figura 3a-c muestra una pequeña red booleana con tres variables, cada una de las cuales recibe entradas de las otras dos. A una variable le ha sido asignada la función Y, y a las otras dos la función O. En el caso más simple se considera que la red es sincrónica: en cada momento considerado, cada elemento evalúa las actividades de sus entradas, en-

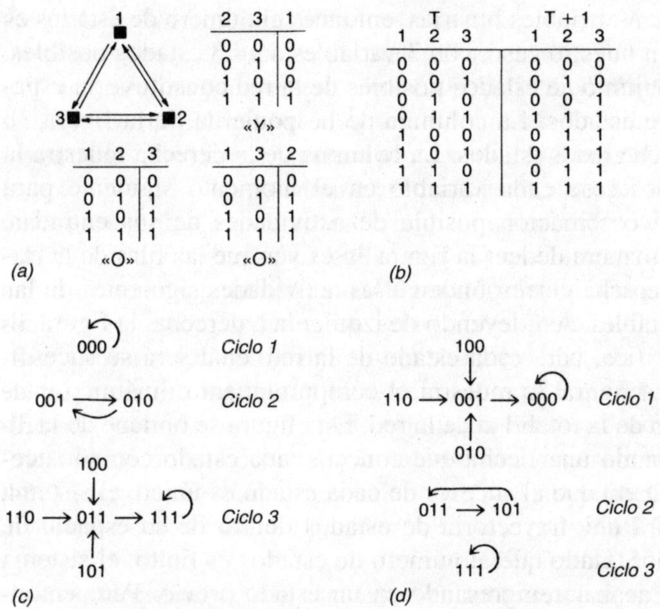

Figura 3. (a) Diagrama de conexiones de una red booleana con tres elementos binarios, cada uno con una entrada de los otros dos. *(b)* Las reglas booleanas de *(a) reescritas* a fin de mostrar, para todos los $2^3 = 8$ estados en el momento T, la actividad asumida por cada elemento en el momento siguiente $T + 1$. *(c)* Gráfico de transiciones, o campo comportamental, de la red booleana autónoma de *(a)* y *(b)*; las flechas representan las transiciones a los estados sucesores. *(d)* Efectos de mutar la regla del elemento 2 de «O» a «Y».

cuenta la respuesta adecuada según su función booleana y asume el valor especificado. Igualmente, no se consideran entradas externas a la red: su comportamiento es completamente autónomo.

La figura 3a muestra el diagrama de interconexiones entre las tres variables, junto con la regla lógica que gobierna cada una. La figura 3b muestra la misma información con distinto formato. Definamos el estado de la red entera como las actividades actuales de todas las variables binarias. Así,

139

si hay N variables binarias, entonces el número de estados es 2^N. En nuestro caso, con 3 variables, hay 8 estados posibles. El conjunto de estados posibles de la red constituye su espacio de estados. La columna de la izquierda de la figura 3b contiene los 8 estados. La columna de la derecha muestra la respuesta de cada variable en el momento siguiente para cada combinación posible de actividades de sus entradas. Otra manera de leer la figura 3b es ver que las filas de la mitad derecha corresponden a las actividades siguientes de las 3 variables. Así, leyendo de izquierda a derecha, la figura 3b especifica, para cada estado de la red, cuál será su sucesor.

La figura 3c muestra el comportamiento dinámico integrado de la totalidad de la red. Esta figura se obtiene de la 3b dibujando una flecha que conecta cada estado con su sucesor. Dado que el sucesor de cada estado es único, el sistema seguirá una trayectoria de estados dentro de su espacio de estados. Dado que el número de estados es finito, el sistema debe acabar reingresando en un estado previo. Pero entonces, y dada la unicidad del sucesor, a partir de ahí el sistema describirá un ciclo recurrente de estados.

Muchas propiedades importantes de las redes booleanas tienen que ver con ciclos y con el carácter de las trayectorias que fluyen hacia tales ciclos. La primera de estas propiedades es la longitud del ciclo de estados, que puede ir desde un solo estado que se sucede a sí mismo constituyendo un estado estacionario hasta la totalidad de los estados del sistema. La longitud del ciclo da información sobre la recurrencia de las pautas de actividad en la red. Cualquier red booleana debe tener al menos un ciclo de estados, pero puede haber más de uno. La red de la figura 3c tiene tres ciclos. Cada estado se localiza en una trayectoria que fluye hacia o forma parte de exactamente un ciclo de estados. Así, cada ciclo drena un volumen del espacio de estados, llamado cuenca de atracción. El ciclo de estados mismo recibe el nombre de atractor. Una analogía tosca sería comparar los ciclos con lagos y las cuencas de atracción con las cuencas de drenaje de cada lago.

El examen de la figura 3c revela que las trayectorias convergen. Obviamente tienen que converger hacia algún ciclo de estados, pero también pueden converger antes de llegar a él. Esto significa que estos sistemas pierden información. Una vez convergen dos trayectorias, el sistema ya no dispone de información para discriminar el camino por el que ha llegado a su estado actual. En consecuencia, cuanto más rápida sea la convergencia en el espacio de estados mayor será la información descartada por el sistema. Enseguida veremos que este olvido del pasado es esencial para la emergencia de orden en estas redes masivas.

Otra propiedad de interés concierne a la estabilidad de los ciclos frente a perturbaciones mínimas que revierten transitoriamente la actividad de una sola variable. El examen de la figura 3c revela que el primer ciclo de estados es inestable frente a cualquiera de estas perturbaciones. Una perturbación mínima causa la rotura del ciclo y la caída del sistema en la cuenca de atracción de un atractor distinto. El tercer ciclo de estados, en cambio, es estable frente a cualquier perturbación mínima. El sistema así perturbado permanece en la misma cuenca de atracción, de manera que retorna al ciclo de partida.

Los regímenes caótico, ordenado y complejo

Tras cerca de tres décadas de estudio, hoy tenemos claro que las redes booleanas extensas se desenvuelven de forma genérica en uno de tres regímenes: un régimen caótico, un régimen ordenado y un régimen complejo en la vecindad de la transición entre orden y caos. De los tres, la emergencia espontánea de un régimen ordenado que coordina las actividades de miles de variables binarias puede ser lo más sugestivo para nuestros propósitos. Este orden colectivo espontáneo, pienso yo, puede que sea una de las fuentes más profundas de orden en el mundo biológico.

Describiré primero el régimen caótico, luego el régimen ordenado y por último el régimen complejo.

Antes de proceder, es importante caracterizar el tipo de cuestiones que se están planteando. Lo que me interesa es comprender las propiedades típicas, o genéricas, de distintas clases de redes booleanas extensas. Más concretamente, me ocuparé de redes con un número grande de variables binarias, N. Consideraré redes clasificadas por el número de entradas por variable, K, y luego redes con sesgos específicos en el conjunto de funciones booleanas posibles de K entradas. Veremos que, si K es baja, o si se imponen ciertos sesgos, entonces incluso redes booleanas muy vastas que conecten las actividades de miles de variables residirán en el régimen ordenado. Así, el control de unos pocos parámetros de construcción simples bastará para asegurar que los miembros típicos de la clase considerada exhiban orden. La implicación evolutiva es inmediata: el comportamiento coordinado de números muy grandes de variables ligadas puede conseguirse ajustando parámetros generales muy simples del sistema. El orden dinámico a gran escala es mucho más accesible de lo que sospechábamos.

La investigación de las propiedades genéricas de una cierta clase de redes requiere el muestreo aleatorio de elementos de dicha clase. El análisis de un número suficiente de muestras aleatorias permite hacerse una idea del comportamiento típico de cada clase de redes. Así pues, consideraremos redes booleanas aleatorias.

Consideraremos primero el caso límite en el que $K = N$. Aquí cada variable binaria recibe entradas de sí misma y de todas las otras. En consecuencia, sólo hay un diagrama de conexiones posible. Para hacer un muestreo aleatorio de todas las redes posibles con $K = N$ podemos asignar a cada variable una función booleana al azar. Dicha función asigna un 1 o un 0 al azar como respuesta a cada configuración de entradas. Entonces se cumple que, para cada una de las N variables, una red aleatoria con $K = N$ asigna a cada estado un estado sucesor al azar de entre los 2^N estados posibles. Así, las redes con $K = N$ son trazados aleatorios de los 2^N enteros sobre sí mismos.

Las propiedades interesantes de las redes con $K = N$ son las siguientes. Primero, la longitud media esperada de los ciclos resulta ser la raíz cuadrada del número de estados. Detengámonos a considerar las consecuencias. Una red pequeña con 200 variables describiría entonces ciclos de longitud 2^{100}. Esto corresponde a unos 10^{30} estados. Si el sistema tardase un microsegundo en pasar de un estado a otro, necesitaría un tiempo miles de millones de veces más largo que los 14 000 millones de años de historia del universo para completar un ciclo de estados.

La inmensa longitud de los ciclos esperables en las redes con $K = N$ me inspira una crítica al argumento de Schrödinger. Pensemos en el genoma humano. Cada célula de un cuerpo humano contiene unos 100 000 genes. Como todos sabemos, los genes se regulan mutuamente a través de una red de interacciones moleculares. La transcripción es regulada por secuencias de ADN especiales: promotores *cis*, cajas TATA, intensificadores, etc. Las actividades de los promotores *cis* están controladas a su vez por factores transaccionales, casi siempre proteínas codificadas por otros genes que se difunden por el núcleo celular ligándose al promotor *cis* y regulando así su comportamiento. Más allá del genoma, la traducción es regulada por una red de señales constituida por una hueste de enzimas cuyos estados de fosforilación gobiernan las actividades catalíticas y ligantes. Los estados de fosforilación están controlados a su vez por otros enzimas, quinasas y fosfatasas que pueden estar a su vez fosforiladas o desfosforiladas. Resumiendo, el genoma y sus productos directos e indirectos constituyen una red intrincada de interacciones moleculares. Las actividades coordinadas de este sistema controlan el comportamiento y la ontogenia celulares.

Supongamos que el genoma especificase redes reguladoras similares a una red booleana con $K = N$. La escala temporal para la activación o desactivación de un gen es del orden de uno a quizá diez minutos. Mantengamos la idealización de que los genes y demás componentes moleculares del sistema regulador genómico son variables binarias. Un genoma con 100 000 genes, más o menos como el nuestro, admite una turbadora diversidad de pautas de expresión genética: $2^{100\,000}$. La longitud esperada de los atractores cíclicos de un sistema así sería «sólo» de $2^{50\,000}$, o $10^{15\,000}$. Para hacernos una idea de la escala, recordemos que un modelo de genoma con apenas 200 variables binarias necesitaría miles de millones de veces la edad del universo para completar un ciclo; $10^{15\,000}$ es un número imposible de concebir. Ningún organismo podría basarse en ciclos con periodos tan inimaginablemente vastos.

En resumen, si el genoma humano, convenientemente codificado por un cristal aperiódico llamado ADN, especifícase un sistema regulador genómico tipo $K = N$, el orden contenido en el cristal aperiódico engendraría comportamientos dinámicos de improbable relevancia biológica. La selección de variaciones heredables requiere un fenotipo repetible sobre el que operar. Un sistema genómico cuya pauta de actividad génica fuese una sucesión aleatoria de estados que se repitiera sólo cada $10^{15\,000}$ pasos no podría exhibir un fenotipo repetido sobre el cual pudiera ejercerse la selección.

Las redes con $K = N$ tienen ciclos cuyas longitudes esperadas aumentan exponencialmente con la escala del sistema. Me serviré de esta propiedad para denotar un aspecto del comportamiento caótico de tales redes.

Hay, sin embargo, otro sentido de caos, más cercano al que nos es familiar, que exhiben las redes con $K = N$. Las redes de esta clase muestran una sensibilidad extrema a las condiciones iniciales. Cambios mínimos en las condiciones iniciales llevan a cambios masivos en la dinámica subsiguiente. Los estados sucesores se eligen al azar. Consideremos dos estados iniciales que difieran en la actividad de una sola de las N variables binarias. Los estados (000000) y (000001) son un ejemplo. La distancia de Hamming entre dos estados binarios es el número de bits diferentes. Aquí la distancia de Hamming es 1. Si dividimos esta distancia por el número total de variables binarias, 6 en nuestro ejemplo, la fracción de posiciones diferentes, aquí 1/6, es una distancia de Hamming normalizada. Consideremos nuestros dos estados iniciales que difieren en un solo bit. Sus estados sucesores se eligen aleatoriamente de entre los estados posibles de la red. La distancia de Hamming esperada entre los estados sucesores será, por lo tanto, justo la mitad del número de variables binarias. En una sola transición, la distancia normalizada salta de $1/N$ a $1/2$. Resumiendo, las redes con $K = N$ exhiben la máxima sensibilidad posible a las condiciones iniciales.

Si el genoma humano fuese una red con $K = N$, aparte de que sus atractores cíclicos tendrían una longitud hiperastronómica, las más pequeñas perturbaciones conducirían a alteraciones catastróficas en el comportamiento dinámico del sistema. Una vez tengamos el contraejemplo del régimen ordenado, resultará intuitivamente obvio que los sistemas de la clase $K = N$, inmersos en el régimen caótico, no pueden representar la organización del sistema regulador genómico. Y lo más importante, la selección opera sobre variaciones heredables. En las redes con $K = N$, alteraciones menores en la estructura o la lógica de la red hacen estragos en las trayectorias y atractores del sistema. Por ejemplo, la supresión de un solo gen elimina la mitad del espacio de estados. Esto tiene como resultado una reorganización masiva del flujo en el espacio de estados. Los biólogos se interrogan acerca de posibles vías evolutivas a través de «monstruos prometedores». Pero tales vías son altamente improbables. Las redes con $K = N$ sólo podrían evolucionar vía monstruos prometedores imposibles. Resumiendo, las redes con $K = N$ no proporcionan virtualmente ninguna variación heredable y susceptible de selección.

Una aclaración sobre el término «caos». Su definición está bien establecida para sistemas de unas pocas ecuaciones diferenciales continuas. Estos sistemas de pocas dimensiones caen hacia «atractores extraños» donde el flujo local diverge pero no abandona el atractor. No está clara de momento la relación entre este caos en sistemas continuos de pocas dimensiones y el caos en sistemas discretos de muchas dimensiones que he descrito aquí. Ambos comportamientos están, sin embargo, bien establecidos. Por caos de alta dimensión entenderé sistemas con un gran número de variables en los cuales la longitud de los ciclos aumenta exponencialmente con el número de variables, y que muestran sensibilidad a las condiciones iniciales en el sentido antes definido.

Orden gratuito: a pesar de que las redes booleanas pueden contener miles de variables binarias, de ellas puede emerger espontáneamente un orden inesperado y profundo. Creo que dicho orden es tan poderoso que puede dar cuenta de buena parte del orden dinámico de los organismos. Este orden emerge cuando se restringen de manera simple parámetros también simples de las redes. El parámetro más simple es K, el número de entradas por variable. Si K es menor o igual a 2, las redes se sitúan típicamente en el régimen ordenado.

Imaginemos una red con 100 000 variables binarias. A cada una se le han asignado al azar $K = 2$ entradas. El diagrama de conexiones es un galimatías de interconexiones sin lógica discernible, de hecho sin ninguna en absoluto. Cada variable binaria tiene asignada al azar una de las 16 funciones booleanas posibles de dos variables: Y, O, SI, O disyuntivo, etc. La lógica de la red es, por lo tanto, enteramente aleatoria. Aun así, el orden cristaliza.

La longitud esperada de un ciclo de estados en tales redes no es la raíz cuadrada del número de estados, sino del orden de la raíz cuadrada del número de variables. Así, un sistema de la complejidad del genoma humano, con alrededor de 100 000 genes y $2^{100\,000}$ estados, caerá mansamente hacia un ciclo de sólo 317 estados; y 317 es un subconjunto infinitesimal del conjunto de los $2^{100\,000}$ estados posibles. La localización relativa en el espacio de estados es del orden de $2^{-99\,998}$.

146

Las redes booleanas son sistemas termodinámicos abiertos. En los casos más simples pueden construirse con puertas lógicas reales, alimentadas con una fuente eléctrica exógena. Pero esta clase de sistemas termodinámicos abiertos presenta una convergencia masiva en el espacio de estados. Esta convergencia se manifiesta de dos maneras. En conjunto, tales sistemas exhiben una honda insensibilidad a las condiciones iniciales. La primera signatura de la convergencia es que la mayoría de las perturbaciones de un bit dejan el sistema en trayectorias que luego convergen. Esta convergencia se verifica aun antes de que el sistema haya alcanzado un atractor. En segundo lugar, las perturbaciones de un atractor suelen dejar el sistema en un estado que vuelve a caer hacia el mismo atractor. En términos biológicos, los atractores exhiben homeostasis espontánea. Ambas signaturas de la convergencia son importantes. La estabilidad de los atractores implica comportamiento repetible en presencia de ruido. Pero la convergencia de flujo aun antes de que se alcance algún atractor implica que los sistemas en el régimen ordenado pueden reaccionar a entornos similares de «la misma» manera, aun cuando perturbaciones continuadas por parte de las entradas medioambientales impidan persistentemente al sistema alcanzar un atractor. La convergencia a lo largo de las trayectorias debería permitir a tales sistemas adaptarse con éxito a un entorno ruidoso.

Dicha homeostasis, reflejo de la convergencia en el espacio de estados, contrasta vivamente con la perfecta conservación del volumen fásico en sistemas cerrados y en equilibrio termodinámico. Recordemos que el teorema de Liouville asegura esa conservación, la cual refleja a su vez la reversibilidad de los sistemas cerrados y la imposibilidad de desechar información en un baño térmico. Dicha conservación subyace, pues, tras la capacidad de predecir probabilidades de macroestados por la fracción de microestados que contribuyen a cada macroestado.

La implicación más importante de la conservación del

volumen fásico por los sistemas en equilibrio es la siguiente: Schrödinger atrajo correctamente nuestra atención sobre el hecho de que en cualquier sistema clásico las fluctuaciones varían inversamente con la raíz cuadrada del número de eventos considerado. Cuando el sistema está en equilibrio, estas fluctuaciones tienen una amplitud dada. Sin embargo, si consideramos un sistema termodinámico abierto masivamente convergente en el espacio de estados, entonces esa convergencia tiende a compensar las fluctuaciones. La convergencia tiende a conducir al sistema hacia algún atractor, mientras que las fluctuaciones tienden a desplazarlo aleatoriamente por su espacio de posibilidades. Pero si la convergencia es lo bastante poderosa, el vagabundeo inducido por el ruido puede quedar confinado en la vecindad infinitesimal de los atractores del sistema. Llegamos así a una conclusión crítica. Las fluctuaciones debidas a números pequeños de moléculas que constituyen el ruido térmico y que tanto preocupaban a Schrödinger pueden, en principio, ser contrarrestadas por el flujo convergente hacia algún atractor si ese flujo es lo bastante convergente. La homeostasis puede vencer a la termalización.

Pero esta conclusión está en el núcleo mismo de esta discusión. Porque lo que pretendo sugerir es que el empleo de un sólido aperiódico por parte de los organismos como portador estable de la información genética quizá no sea suficiente para asegurar el orden: el sistema codificado podría ser caótico. Y puede que el sólido aperiódico tampoco sea necesario. Lo que sí sería tanto necesario como suficiente para el orden requerido es el flujo convergente de sistemas en el régimen ordenado.

Redes booleanas y el límite del caos

Una modificación simple de las redes booleanas aleatorias contribuye a la comprensión de los regímenes ordenado, caótico y complejo. En vez de pensar en un diagrama de conexiones aleatorio, consideremos una cuadrícula en la que cada punto correspondiente a una variable binaria tiene entradas de sus cuatro vecinos. Asignemos a cada punto una función booleana aleatoria de sus cuatro entradas. Partamos de un estado inicial elegido al azar y dejemos que la red evolucione. En cada paso el valor de cualquier variable puede cambiar de 0 a 1 o al revés, lo que indicaremos asignando a la variable el color verde. Si la variable no cambia de valor le asignaremos el color rojo. El verde indica que la variable está «descongelada» o «en marcha»; el rojo indica que la variable está «congelada».

Las redes aleatorias con cuatro entradas por variable residen en el régimen caótico. Si miramos la red, la mayoría de puntos se mantiene verde; sólo unos pocos se ponen rojos. Más precisamente, un «océano» verde descongelado se propaga por toda la red, dejando atrás islotes rojos separados.

Introduciré ahora un sesgo simple entre las funciones booleanas posibles. Cada una de estas funciones da un valor de salida, 1 o 0, para cada combinación de valores de sus K entradas. El conjunto de valores de salida podría tender a mitad ceros y mitad unos, o podría estar sesgado hacia todo ceros o todo unos. Sea P una medida de este sesgo: la fracción de combinaciones de entradas que da lugar al valor más frecuente, sea 1 o 0. Para la función Y, por ejemplo, tres de las cuatro configuraciones de entrada posibles dan un 0 como respuesta. En este caso P vale 0,75. P estará siempre entre 0,5 y 1,0.

Derrida y Weisbuch (1987) demostraron que una red booleana residirá en el régimen ordenado si las funciones booleanas asignadas a sus puntos se eligen aleatoriamente, con la restricción de que el valor de P en cada punto se acerque a 1,0 por encima de un valor crítico. Para una cuadrícula el valor crítico, P_c, es 0,72.

Consideremos una «película» similar de una red en el régimen ordenado, con los mismos colores verde y rojo para los puntos descongelados y congelados, respectivamente. Si P es mayor que P_c, entonces al principio la mayoría de puntos aparece verde. Sin embargo, pronto un número creciente de puntos se congela en su valor dominante, 1 o 0, tornándose rojos. Un vasto océano rojo congelado se propaga por la red, dejando atrás islotes verdes separados de variables descongeladas que continúan titilando con pautas complejas. La propagación de un océano rojo congelado dejando islotes verdes es característica del régimen ordenado.

Cuando P desciende hasta P_c se produce una transición de fase. Las islas verdes descongeladas crecen y acaban fundiéndose con otras para formar un océano verde descongelado. La transición de fase se verifica justo en esta fusión.

Con esta imagen en mente, es útil definir el término «deterioro». El deterioro es la propagación de una perturbación en la red tras la reversión transitoria de la actividad de un punto. Para estudiar esto basta con tomar dos copias idénticas de la red y partir de dos estados que difieran en la actividad de una sola variable. Se observan las dos copias y se colorea de púrpura cualquier punto de la copia perturbada cuyo valor de actividad sea diferente del valor del punto correspondiente en la copia no perturbada. La difusión de una mancha púrpura desde el punto perturbado indicará la propagación del deterioro desde ese punto.

En el régimen caótico, deterioremos un punto dentro del océano verde descongelado. Entonces, genéricamente, una mancha púrpura se propaga ocupando la mayor parte del océano verde. De hecho, el volumen esperado del deterioro aumenta con la magnitud del sistema (Stauffer, 1987). Deterioremos ahora un punto en el régimen ordenado. Si el punto se localiza en la estructura congelada de color rojo, el deterioro virtualmente no se propaga. Si el punto se localiza en una de las islas descongeladas en verde, el deterioro puede acabar ocupando buena parte de la isla, pero no invadirá la estructura congelada. En resumen, la estructura congelada en rojo bloquea la propagación del deterioro, y de esta forma proporciona buena parte de la estabilidad homeostática del sistema.

En la transición de fase, es de esperar que la distribución de las magnitudes de las avalanchas de deterioro siga una ley potencial, con muchas avalanchas pequeñas y pocas grandes. La transición de fase es el régimen complejo. Junto con la distribución característica de las avalanchas, otra propiedad es que la convergencia media a lo largo de las trayectorias que son vecinas cercanas según Hamming es cero. Así, en el régimen caótico, las trayectorias que parten de estados iniciales que son vecinos cercanos según Hamming tienden, en promedio, a divergir unas de otras. En esto consiste la «sensibilidad a las condiciones iniciales» de que ya he hablado. En el régimen ordenado, las trayectorias cercanas tienden a converger, fundiéndose a menudo en una antes de desembocar en un atractor común. En el límite del caos, las trayectorias cercanas, en promedio, ni convergen ni divergen.

Una hipótesis atractiva es que los sistemas complejos adaptativos pueden evolucionar hacia el régimen complejo en el límite del caos. Las propiedades del régimen complejo han sugerido a varios investigadores que la transición de fase, o límite del caos, podría muy bien adecuarse al cómputo complejo (Langton, 1986, 1992; Packard, 1988; Kauffman, 1993). La idea es atractiva. Supongamos que quisiéramos que un sistema tal coordinase el comportamiento temporal complejo de puntos muy separados. En pleno régimen ordenado, las islas verdes que podrían verificar una secuencia de actividades cambiantes están mutuamente separadas. No puede haber coordinación entre ellas. En pleno régimen caótico, la coordinación tenderá a romperse porque cualquier perturbación desencadena grandes avalanchas de cambio. Así, es muy plausible que cerca de la transición de fase, quizás en el régimen ordenado, sea óptima la capacidad de comportamientos complejos coordinados.

Sería fascinante que esta hipótesis fuese cierta. Comenzaríamos a tener una teoría general sobre la estructura interna y la lógica de los sistemas complejos adaptativos. De acuerdo con esta teoría, la adaptación selectiva para la capacidad misma de coordinar comportamientos complejos debería llevar a los sistemas adaptativos a evolucionar hacia la propia transición de fase, o hacia su vecindad.

La evidencia provisional comienza a prestar apoyo a la hipótesis de que los sistemas complejos tienden a evolucionar, no precisamente hacia el límite del caos, sino hacia un régimen ordenado cercano a aquél. Para comprobar esto, mis colegas del Instituto de Santa Fe y yo mismo estamos estudiando la coevolución de redes booleanas que «juegan» a diversos juegos. En todos los casos los juegos implican una percepción de las actividades de los elementos de la red rival y el diseño de una respuesta apropiada. La coevolución de estas redes permite la alteración de K, P y otros parámetros a fin de optimizar el éxito en cada juego por selección natural. En pocas palabras, tales redes ciertamente mejoran en el conjunto de juegos que les hemos pedido que jueguen. Como siempre, esta exploración evolutiva tiene lugar en presencia de procesos de deriva mutacional aleatoria que tienden a dispersar la población en proceso de adaptación por el espacio de posibilidades explorado. A pesar de esta deriva, hay una fuerte tendencia a evolucionar hacia una posición dentro del régimen ordenado no demasiado lejos de la transición al caos. Resumiendo, la evidencia provisional apoya la hipótesis de que una gran variedad de sistemas de procesamiento en paralelo evolucionarán hacia el régimen ordenado cerca de la transición de fase con objeto de coordinar tareas complejas.

Dos fuentes de «ruido» podrían perturbar nuestras redes booleanas jugadoras. La primera se deriva de las entradas que llegan de otras redes. Estas entradas exógenas sacan al sistema de su trayectoria y por tanto perturban su discurrir hacia los atractores. La segunda es el ruido térmico. Este ruido interno tenderá a perturbar el comportamiento del sistema. Para poder compensarlo y adquirir coordinación, esperaríamos que tales sistemas se sumergiesen más en el régimen ordenado. Aquí la convergencia en el espacio de estados es más fuerte, y por lo tanto proporciona una amortiguación más poderosa contra el ruido endógeno. Podemos preguntarnos cuánta convergencia se requiere para contrarrestar una cantidad dada de ruido interno.

La misma cuestión se plantea en cualquier sistema cuyo comportamiento dinámico esté controlado por un número reducido de copias de cada especie molecular. Así ocurre en las células contemporáneas, en las que el número de proteínas reguladoras y otras moléculas por célula es muchas veces del orden de una sola copia. La misma cuestión se plantea en los sistemas moleculares colectivamente autocatalíticos que, sospecho, pudieron haberse formado en los albores de la vida. ¿Cuánta convergencia en el espacio de estados se requiere para compensar las fluctuaciones derivadas del uso de números bajos de moléculas en un sistema dinámico, y cómo aumenta la convergencia requerida con la reducción del número de copias de cada especie molecular en el sistema modelo? En lo que respecta a los conjuntos de moléculas colectivamente autocatalíticos, una convergencia lo bastante alta en el espacio de estados amortiguará presumiblemente las fluctuaciones derivadas del potencialmente bajo número de copias de cada especie molecular en el metabolismo colectivamente reproductivo. Si esto es así, las macroestructuras aperiódicas estables no son ni necesarias ni suficientes para generar el orden requerido para la emergencia de la vida o de las variaciones heredables sobre las que puede actuar eficientemente la selección.

Orden y ontogenia

Hemos visto que hasta las redes booleanas aleatorias pueden exhibir un inesperadamente alto grado de orden espontáneo. Sería simplemente necio ignorar la posibilidad de que dicho orden espontáneo pueda tener un papel en la emergencia y mantenimiento del orden en la ontogenia. Aunque la evidencia es todavía provisional, creo que la hipótesis tiene un considerable respaldo. Describiré brevemente la evidencia de que las redes reguladoras genómicas se sitúan en el régimen ordenado, quizá no demasiado lejos del límite del caos. Primero, si se examinan los genes regulables conocidos de virus, bacterias y eucariotas se ve que casi todos son controlados por unas pocas entradas moleculares, desde 0 hasta quizás 8. Es fascinante que, en la idealización booleana, casi todos los genes regulados conocidos están gobernados por un subconjunto sesgado de las funciones booleanas posibles, las que hace tiempo llamé funciones «canalizadoras» (Kauffman, 1971, 1993; Kauffman y Harris, 1994). Aquí al menos una entrada molecular tiene un valor, 1 o 0, que se basta para garantizar que el locus regulado asuma un estado de salida específico, también 1 o 0. Así, la función O de cuatro entradas es canalizadora, dado que la primera entrada, si es activa, garantiza que el elemento regulado se active con independencia de las actividades de las otras tres entradas. Las redes booleanas con más de $K = 2$ entradas por elemento, pero confinadas en gran medida a funciones canalizadoras, residen genéricamente en el régimen ordenado (Kauffman, 1993). Hace años que vengo interpretando los atractores de una red genética, los ciclos de estados, como el repertorio de tipos celulares del sistema genómico. Las longitudes de los ciclos predicen que los tipos celulares deberían ser pautas de expresión génica recurrentes y muy restringidas, y también predicen que los ciclos celulares deberían tener periodos de entre cientos y miles de minutos. Más aún, el número de atractores aumenta con la raíz cuadrada del número de variables. Si un atractor es un tipo celular, entonces podemos predecir que el número de tipos celulares en un organismo debería aumentar con la raíz cuadrada del número de sus genes. Esto parece ser cualitativamente correcto. Los seres humanos, con alrededor de 100 000 genes, deberían tener unos 317 tipos celulares. Se dice que existen 256 tipos celulares humanos (Alberts *et al.*, 1983), y el número de tipos celulares parece aumentar según una relación que está entre una función lineal y una función de la raíz cuadrada de la complejidad genética (Kauffman, 1993). El modelo predice también propiedades tales como la estabilidad homeostática de los tipos celulares. El componente rojo congelado predice, correctamente, que alrededor del 70% de los genes debería estar en los mismos estados fijos de actividad en la totalidad de los tipos celulares del organismo. Más aún, las extensiones de las islas verdes predicen razonablemente bien las diferencias en las pautas de actividad génica en los distintos tipos celulares de un organismo. La distribución de amplitudes de avalanchas parece predecir igualmente la distribución de alteraciones en cascada de las actividades génicas tras la perturbación de un gen elegido al azar. Finalmente, en el régimen ordenado, las perturbaciones sólo pueden desplazar el sistema de un atractor a otro. Si los atractores equivalen a tipos celulares, esta propiedad predice que la ontogenia debe organizarse alrededor de vías de diferenciación ramificadas. Ningún tipo celular debería, ni de hecho puede, diferenciarse directamente en todos los tipos celulares. He aquí una propiedad que presumiblemente se ha verificado en todos los organismos pluricelulares desde el periodo Cámbrico o incluso antes.

El espacio disponible sólo permite una breve presentación de estas ideas. Sin embargo, un resumen ajustado de lo expuesto es que los sistemas reguladores genómicos podrían muy bien ser sistemas de procesamiento en paralelo residentes en el régimen ordenado. Si esto es así, entonces la convergencia característica en el espacio de estados de tales sistemas es una fuente principal de su orden dinámico.

Pero la autoorganización que discuto aquí tiene una implicación aún más sensacional. Desde Darwin nos hemos convencido de que la selección es la única fuente de orden en biología. Los organismos son artilugios chapuceros, matrimonios *ad hoc* de principios de diseño, azar y necesidad.

Pienso que esta visión es inadecuada. Darwin no conocía el poder de la autoorganización. De hecho, nosotros mismos apenas comenzamos a vislumbrarlo. Esta autoorganización, desde el origen de la vida hasta su dinámica coherente, debe tener un papel esencial en esta historia de la vida y, diría yo, en cualquier historia de la vida. Pero Darwin también tenía razón. La selección natural siempre actúa. Tenemos, pues, que reformular la teoría evolutiva. La historia natural de la vida es una suerte de matrimonio entre autoorganización y selección. Debemos mirar la vida con ojos nuevos, y desentrañar nuevas leyes para su desenvolvimiento.

Resumen

Schrödinger, adelantándose a su época, anticipó correctamente que la vida actual se basa en macroestructuras aperiódicas. La estabilidad de estas estructuras, profetizó, proporcionaría un soporte material duradero a la información genética. El microcódigo inscrito en dicho material especificaría el organismo. Las alteraciones cuánticas del material serían discretas y raras, y constituirían las mutaciones. En buena parte de lo referente a la vida contemporánea, Schrödinger acertó de pleno.

Ahora bien, a un nivel más fundamental, ¿acertó Schrödinger en lo que se refiere a la vida misma? ¿Es necesaria la memoria estructural del sólido aperiódico para toda forma de vida? Seguramente, en el sentido mínimo de que las moléculas orgánicas con enlaces covalentes son pequeños «sólidos aperiodicos», el argumento de Schrödinger tiene su mérito. Al menos para la vida basada en el carbono, hacen falta enlaces lo bastante fuertes para ser estables en un entorno dado. Pero son los comportamientos colectivos de estas moléculas lo que constituye la vida en la Tierra y, podemos presumir al menos, lo que subyace tras muchas formas de vida potenciales en cualquier parte del universo. Los organismos vivos son, de hecho, sistemas moleculares colectivamente autocatalíticos. Nuevas evidencias y una nueva teoría, que acabo de exponer, sugieren que la emergencia de sistemas moleculares autorreproducibles no requiere macroestructuras aperiódicas. La evolución limitada de tales sistemas tampoco necesita, en principio, de estas macroestructuras. La presencia de una macroestructura aperiódica que codifique la estructura y algunas de las interacciones de muchas otras moléculas tampoco asegura el orden dinámico y la variación heredable. Más bien, la variación heredable en los sistemas químicos autorreproductivos sobre los cuales puede plausiblemente actuar la selección natural requiere estabilidad dinámica. Esto, a su vez, puede conseguirse en sistemas termodinámicos abiertos con una convergencia suficiente en su espacio de estados para compensar las fluctuaciones derivadas del bajo número de moléculas involucradas.

No es una crítica a Schrödinger el que no considerara la autoorganización de los sistemas termodinámicos abiertos. El estudio de tales sistemas apenas había comenzado hace cincuenta años y no ha avanzado mucho desde entonces. Todo lo que podemos afirmar legítimamente en el momento presente es que las formas de autoorganización que comenzamos a vislumbrar en ellos están cambiando nuestra visión del origen y evolución de la vida. Lo que Schrödinger previó ya es mucho. Lo único que desearíamos es que su sabiduría continuase viva hoy para añadir nuevas contribuciones a nuestro pensamiento.

REFERENCIAS

Alberts, B., D. Bray, J. Lewis, M. Raff, K. Roberts y J.D. Watson, *Molecular Biology of the Cell*, Garland, Nueva York, 1983.
Bagley, R.J., «The functional self-organization of autocatalytic networks in a model of the evolution of biogenesis», tesis doctoral, Universidad de California, San Diego, 1991.

Bagley, R.J. *et al.*, «Evolution of a metabolism», en *Artificial Life II. A Proceedings Volume in the Santa Fe Institute Studies in the Sciences of Complexity*, vol. 10, eds. C.G. Langton, J.D. Farmer, S. Rasmussen y C. Taylor, Addison-Wesley, Reading (Mass.), 1992, págs. 141-158.

Ballivet, M. y Kauffman, S.A., «Process for obtaining DNA, RNA, peptides, polypeptides or proteins by recombinant DNA techniques», solicitud de patente internacional, otorgada en Francia 1987, Gran Bretaña 1989 y Alemania 1990.

Cohen, J.E., «Treshold phenomena in random structures», *Disc. Appl. Math.* 19 (1988), págs. 113-118.

Cwirla, P., E.A. Peters, R.W. Barrett y W.J. Dower, «Peptides on phagues: a vast library of peptides for identifying ligands», *Proceedings of the National Academy of Sciences USA* 87 (1990), págs. 6378-6382.

Derrida, B. y Y. Pommeau, «Random networks of automata: a simple annealed approximation», *Europhysics Letters* 1 (1986), págs. 45-49.

Derrida, B. y G. Weisbuch, «Evolution of overlaps between configurations in random Boolean networks», *Journal of Physique* 47 (1987), págs. 1297-1303.

Devlin, J.J., L.C. Panganiban y P.A. Devlin, «Random peptide libraries: a source of specific protein binding molecules», *Science* 249 (1990), págs. 404-406.

Eigen, M., «Self-organization of matter and the evolution of biological macromolecules», *Naturwissenschaften* 58 (1971), págs. 465-523.

Ellington, A. y J. Szostak, «In vitro selection of RNA molecules that bind specific ligands», *Nature* 346 (1990), págs. 818-822.

Erdos, P. y A. Renyi, *On the Evolution of Random Graphs*, Instituto de Matemáticas, Academia Húngara de Ciencias, publicación núm. 5, 1960.

Farmer, J.D., S.A. Kauffman y N.H. Packard, «Autocatalytic replication of polymers», *Physica* 22D (1986), págs. 50-67.

Kauffman, S.A., «Metabolic stability and epigenesis in randomly connected nets», *Journal of Theoretical Biology* 22 (1969), págs. 437-467.

Kauffman, S.A., «Cellular homeostasis, epigenesis and replication in randomly aggregated macromolecular systems», *Journal of Cybernetics* 1 (1971), págs. 71.

Kauffman, S.A., «Emergent properties in random complex automata», *Physica* 10D (1984), págs. 145-156.

Kauffman, S.A., «Autocatalytic sets of proteins», *Journal of Theoretical Biology* 119 (1986), págs. 1-24.

158

Kauffman, S.A., *The Origins of Order: Self Organization and Selection in Evolution*, Oxford University Press, Nueva York, 1993.

Kauffman, S.A. y S. Harris, manuscrito en preparación, 1994.

LaBean, T. *et al.*, «Design, expression and characterisation of random sequence polypeptides as fusions with ubiquitin», *FASEB Journal* 6A471, 1992.

LaBean, T. *et al.*, manuscrito enviado, 1994.

Langton, C., «Studying artificial life with cellular automata», *Physica* 22D (1986), págs. 120-149.

Langton, C., «Adaptation to the edge of chaos», en *Artificial Life II. A Proceedings Volume in the Santa Fe Institute Studies in the Sciences of Complexity*, vol. 10, eds. C.G. Langton, J.D. Farmer, S. Rasmussen y C. Taylor, Addison-Wesley, Reading (Mass.), 1992, págs. 11-92.

Orgel, L., «Evolution of the genetic apparatus: a review», en *Cold Spring Harbor Symposium on Quantitative Biology*, vol. 52, Cold Spring Harbor Laboratory, Nueva York, 1987.

Packard, N., «Dynamic patterns in complex systems», en *Complexity in Biologic Modeling*, eds. J.A.S. Kelso y M. Shlesinger, World Scientific, Singapur, 1988, págs. 293-301.

Rossler, O., «A system-theoretic model of biogenesis», *A. Naturforsch.* B266 (1971), págs. 741.

Schrödinger, E., *What is Life? The Physical Aspect of the Living Cell*, Cambridge University Press, Cambridge, 1944 [trad. esp.: *¿Qué es la vida?*, Tusquets Editores (Metatemas 1), Barcelona, 1983].

Scott, J.K. y G.P. Smith, «Searching for peptide ligands with an epitope library», *Science* 249 (1990), pág. 386.

Stauffer, D., «Random Boolean networs: analogy with percolation», *Philosophical Magazine B* 56 (1987), págs. 901-916.

Von Kiederowski, G., «A self-replicating hexadesoxynucleotide», *Angewandte Chemie International Edition in English* 25 (1986), págs. 932-935.

159

9
Por qué se necesita una nueva física para comprender la mente
Roger Penrose

Por qué la comprensión consciente no es computable

La mente humana tiene muchas facetas. Es muy posible que algunas de ellas puedan explicarse con los conceptos de la física contemporánea (cfr. Schrödinger, 1958), y hasta puede que sean simulables por ordenador. Los defensores de la inteligencia artificial (IA) sostienen que una tal simulación es efectivamente posible, al menos para buena parte de las cualidades mentales básicamente implicadas en nuestra inteligencia. Es más, dicha simulación podría permitir que un robot se comportase, en esos aspectos particulares, tal como se comportaría un ser humano. Los defensores de la IA *fuerte* van aún más lejos. Para ellos *toda* cualidad mental es emulable —y en última instancia sustituible— por las acciones de computadores electrónicos. También mantienen que esta mera acción computacional debería evocar en un computador o un robot la misma clase de experiencia consciente que tenemos nosotros.

Por otra parte, hay muchos que sostienen lo contrario: que hay aspectos de nuestra mente que no pueden explicarse en términos meramente computacionales. La conciencia humana tendría esa cualidad, y por lo tanto no sería una simple manifestación de la computación. Voy a ofrecer argumentos en favor de esta postura; más aún, argumentaré que las acciones que ejecutan nuestros cerebros en concordancia con el pensamiento consciente deben ser cosas que ni siquiera pueden *simularse* computacionalmente, y por lo tanto la computación no puede por sí sola dar lugar a ninguna clase de experiencia consciente.

Para poder precisar el discurso es necesario tener una idea bien clara de qué se entiende por «computación». Hay, en efecto, una definición matemática precisa de este concepto, que puede darse en términos de lo que se conoce como *máquina de Turing*. Una máquina de Turing es un computador ideal, en el sentido de que puede funcionar indefinidamente, no comete errores y, lo más importante de todo, tiene una capacidad de memoria ilimitada. (Así, debemos imaginar que siempre puede añadirse más capacidad de memoria si es necesario.) Esta definición de máquina de Turing es lo bastante precisa para nuestros propósitos, pues hoy todos estamos familiarizados con la noción de «computador». (Para más detalles véase, por ejemplo, Penrose, 1989.)

En cuanto a la noción de «conciencia», no intentaré definirla aquí. Todo lo que necesitaremos hacer constar es que, sea lo que sea la conciencia, es algo que está necesariamente presente cuando comprendemos (en particular, cuando comprendemos un argumento matemático).

¿Por qué afirmo que los efectos del pensamiento consciente no pueden siquiera simularse por procedimientos computacionales? Mis razones más poderosas se derivan del famoso teorema de Kurt Gödel (1931). El teorema de Gödel tiene la clara implicación de que el conocimiento matemático no puede reducirse a un conjunto de reglas computacionales conocidas y completamente asumidas. Se puede ir más lejos y aducir que ningún conjunto conocible de procedimientos puramente computacionales puede conducir a un robot informático que posea un conocimiento matemático genuino. Tales procedimientos podrían incluir no sólo instrucciones algorítmicas «de arriba abajo», sino también mecanismos de aprendizaje programado «de abajo arriba». No entraré en más detalles; los argumentos completos los ofrezco en otra parte (Penrose, 1994).

No sería razonable suponer que hay algo particularmente

especial en la comprensión matemática, en contra de otros tipos de pensamiento humano, en relación al tema de la no computabilidad. En consonancia con esto, la no computabilidad de nuestro conocimiento matemático tiene la implicación de que el pensamiento humano, de la clase que sea, se consigue también por medios no computables. Igualmente, no me parece razonable suponer que los otros aspectos de la conciencia humana puedan explicarse computacionalmente más que el conocimiento matemático. Finalmente, creo que los animales no humanos —al menos muchos de ellos— también poseen la cualidad de la conciencia y, en consecuencia, también deben actuar conforme a reglas no computacionales.

Los dos niveles de la acción física

Para lo que resta de nuestra discusión, supongamos que, en efecto, nuestros cerebros actúan de manera no computacional cuando pensamos conscientemente. Aceptemos también que las actuaciones de nuestro cerebro están enteramente gobernadas por las mismas leyes físicas que rigen el comportamiento de la materia inanimada. Entonces nos encontramos con el requerimiento de que tiene que haber acciones físicas gobernadas por leyes físicas, pero que, *en principio*, no pueden simularse enteramente de manera computacional. ¿Qué acciones serían éstas?

Primero hay que ver si dentro de las leyes físicas conocidas hay margen para un comportamiento no computacional apropiado. Si encontramos que estas leyes no nos dan el margen que necesitamos, entonces tendremos que buscar los procesos no computacionales requeridos más allá de las leyes físicas. También debemos encontrar un lugar plausible por donde la física no computacional pueda entrar en el funcionamiento de nuestros cerebros.

¿Cuál es, entonces, el cuadro que nos ofrecen los físicos de hoy en cuanto a la comprensión precisa de cómo actúa el mundo? Todos admitirían que al nivel más fundamental deben regir las leyes de la mecánica cuántica. De acuerdo con Schrödinger, el estado del mundo en cualquier momento vendría dado por un *estado cuántico* (a menudo denotado por la letra ψ, o por $|\psi\rangle$ en la notación de Dirac) que describe una combinación ponderada de todas las alternativas de comportamiento *posibles* del sistema considerado. No se trata de una distribución de probabilidad, porque los factores ponderantes son *números complejos* (esto es, números de la forma $a + ib$, donde $i^2 = -1$, siendo a y b números reales ordinarios). Es más, la evolución temporal del estado cuántico está gobernada por una ecuación plenamente determinista, la llamada *ecuación de Schrödinger*. Esta ecuación es *lineal* (lo que quiere decir que los factores ponderantes complejos no varían) y desde luego se podría considerar que proporciona una evolución *computable*, en sentido ordinario, del estado cuántico. Así pues, la teoría cuántica no nos ofrece nada esencialmente no computable en este sentido.

Sin embargo, por sí sola, la ecuación de Schrödinger no proporciona una imagen del mundo que tenga sentido en el nivel fenoménico clásico (como el propio Schrödinger se cuidó de subrayar). Las reglas de la superposición lineal cuántica parecen aplicarse sólo a estados muy poco diferentes entre sí. Dos estados que no sean muy próximos (como pueden ser dos posiciones discerniblemente distintas de una pelota de golf) no parecen existir en superposición lineal. Una pelota de golf, por ejemplo, está en una posición o en otra, no se encuentra en dos sitios a la vez. Por otra parte, un electrón o un neutrón *sí* pueden existir en una superposición de dos posiciones distintas a la vez (con factores ponderantes complejos), y multitud de experimentos han confirmado este extremo.

Parece ser, pues, que debemos considerar que hay dos niveles de fenómenos físicos. Está el nivel *cuántico*, «microscópico», en el que partículas, átomos e incluso moléculas pueden existir en estas extrañas superposiciones cuánticas ponderadas, y está el nivel *clásico*, en el que pasa una cosa o pasa otra, no se experimentan combinaciones complejas de alternativas. Una pelota de golf, en particular, es un objeto perteneciente al nivel clásico.

Naturalmente, las pelotas de golf y todos los objetos del nivel clásico están formados por constituyentes pertenecientes al nivel cuántico, como son electrones y fotones. ¿Cómo puede ser que haya un conjunto de reglas para los constituyentes y otro para el objeto macroscópico mismo? Este es un tema delicado que no está del todo resuelto en el marco de la física actual. Tendré que volver a ello en breve, pero, de momento, lo mejor es que simplemente aceptemos que hay dos niveles diferentes de comportamiento físico, con leyes distintas para cada uno.

¿Cómo se conectan estos niveles?

En el nivel cuántico, la descripción matemática de un sistema físico viene dada por el estado cuántico $|\psi\rangle$, a veces llamado *función de onda* del sistema. Siempre que el sistema permanezca en el nivel cuántico, este estado evoluciona en el tiempo de acuerdo con la ecuación —determinista y computable— de Schrödinger. Denotaré esta evolución por **U** (evolución unitaria). En el nivel plenamente clásico, las leyes que controlan los objetos físicos son las de Newton (para el movimiento de objetos ordinarios), las de Maxwell (para el comportamiento de los campos electromagnéticos) y las de Einstein (cuando las velocidades o potenciales gravitatorios se hacen muy grandes). Para todos estos tipos de evolución clásica usaré la notación **C**. Estas leyes son también de naturaleza determinista y básicamente *computables*. (Al afirmar que **U** y **C** son «computables» no he dicho que tanto **U** como **C** operan con parámetros continuos en vez de los parámetros discretos que son relevantes para la computabilidad según Turing. Podemos suponer que es factible emplear aproximaciones discretas adecuadas de **U** y **C** a efectos de computabilidad, aunque esto es menos claro en el caso de **C**, con frecuencia caótico, que en el de **U**.)

Ahora bien, en el marco de la teoría física estándar, ¿cómo se tratan los procesos que implican ambos niveles simultáneamente? Supongamos, por ejemplo, que un sistema físico está tan delicadamente equilibrado que el comportamiento de uno de sus constituyentes al nivel cuántico puede desencadenar un efecto a escala macroscópica. Esto es lo que en teoría cuántica se denomina «medida cuántica», y requiere un tipo de descripción diferente de la que se sigue de la ecuación de Schrödinger. Los físicos lo llaman *reducción del vector de estado* (o colapso de la función de onda), y lo denotaré por **R**. El procedimiento matemático estándar para describir una «medida» en mecánica cuántica implica un «salto» instantáneo de un estado cuántico a otro. Este salto es lo que hace surgir todas las probabilidades e incertidumbres en la evolución del sistema. La evolución de un sistema que permanezca enteramente en el nivel cuántico se describe mediante el procedimiento **U**, absolutamente determinista y computable.

Los resultados posibles de cualquier medida cuántica concreta están determinados por la naturaleza específica de la medición. Todo lo que la teoría nos dice es que hay ciertas probabilidades ligadas a esos resultados posibles, determinadas por el estado cuántico particular objeto de medida. La teoría no establece *cuál* de los posibles resultados se producirá (excepto en las situaciones especiales en que la probabilidad es 1 o 0). En lo que respecta a los resultados de las medidas, lo único que nos ofrece la teoría son *asignaciones de probabilidad*. Siempre que se realiza una medida, el comportamiento del sistema es *aleatorio* dentro de los límites de lo posible.

Así, la teoría física actual nos dice que los objetos de este mundo se comportan de manera enteramente computable, solo que de vez en cuando (es decir, siempre que tiene

166

lugar una «medida», o algo equivalente) se añade un ingrediente enteramente aleatorio en el comportamiento del sistema. Sin este ingrediente aleatorio, el comportamiento de cualquier sistema físico se consideraría *computacional*, en el sentido de que podría diseñarse una simulación ejecutable por una máquina de Turing que se aproximase al comportamiento del sistema tanto como quisiéramos. Así, y hasta donde alcanzan las descripciones de que disponemos, podemos contemplar un sistema físico general como algo que se comporta como una máquina de Turing más un aleatorizador.

Sin embargo, un «aleatorizador» no nos aporta nada *de facto* que esté más allá de la computabilidad en el sentido ordinario de Turing. En la práctica, para conseguir un comportamiento aleatorio se puede recurrir a los procedimientos llamados «seudoaleatorios», que no son más que procedimientos computacionales que se comportan como aleatorios a todos los efectos. Lo que suele hacerse es algún «cálculo caótico» que, aunque de naturaleza enteramente computacional, tenga una dependencia altamente crítica de algún parámetro de partida. Para este parámetro de partida se podría escoger, por ejemplo, el *tiempo* preciso (medido por el reloj del computador). El resultado de este cálculo sería, en efecto, completamente aleatorio, aunque sería el resultado de la acción de una máquina de Turing. En la práctica no habría diferencia entre una computación seudoaleatoria de esta naturaleza y otra genuinamente aleatoria.

El cuadro de la realidad física ofrecido por algo que podría ser modelado con precisión por una máquina de Turing con un aleatorizador —o con una entrada seudoaleatoria— no nos proporciona, sin embargo, la clase de *no computabilidad* que, de acuerdo con el argumento «godeliano» del principio, requieren las acciones de un cerebro consciente. Ahora bien, ¿es la «aleatoriedad pura» de la teoría estándar lo que pasa *realmente* en un sistema físico? El punto más débil del cuadro de la física contemporánea, por lo menos al nivel que podría ser relevante para la acción cerebral, reside en el proceso aleatorio **R**. Quizás el presente uso de una «**R**» enteramente aleatoria no sea más que un apaño. Así lo pienso yo, y creo que se necesitarán nuevas intuiciones físicas y una teoría física *nueva* para tender el puente entre **U** y **C**. De hecho, cada vez más físicos (pero aún una minoría) están de acuerdo en que hay que hacer algo.

El esquema GRW

Una de las sugerencias recientes más prometedoras para una modificación de las leyes de la teoría cuántica es la adelantada por Giancarlo Ghirardi, Alberto Rimini y Tullio Weber (GRW). En su esquema original (Ghirardi, Rimini y Weber, 1986), el grupo GRW propuso que, aunque la función de onda de una partícula evolucionaría de acuerdo con la ecuación de Schrödinger **U** durante la *mayor parte* del tiempo, habría una pequeña probabilidad de que la función de onda sufriese un «golpe» en virtud del cual quedase multiplicada por otra función, con una dependencia espacial gausiana. En esta teoría hay dos parámetros arbitrarios, uno de los cuales (llamémoslo λ) determina la anchura de la función gausiana, y el otro (llamémoslo τ) determina la tasa de ocurrencia de golpes. La localización del pico de la función gausiana se asigna al azar, pero la distribución de probabilidad está gobernada por el módulo cuadrado de la función de onda en el momento en que sufre el «golpe». De esta forma se logra una concordancia con la «ley del módulo cuadrado» estándar que gobierna las probabilidades de la teoría cuántica ordinaria.

En el esquema GRW original, el valor de τ se elige de forma que una partícula aislada en su propio mundo sufra un «golpe» una vez cada 10^8 años, más o menos. De esta forma, para periodos de tiempo ordinarios, no hay conflicto con las descripciones mecanocuánticas estándar de las partículas individuales (por ejemplo, los experimentos de difracción de neutrones de Zellinger *et al.*, 1988, son consistentes con el esquema GRW). Sin embargo, para sistemas con muchas partículas, hay que tener en cuenta el fenómeno de la *confusión cuántica*. Describiré este importante fenómeno en breve, pero de momento sólo tomaremos nota del hecho de que, en la teoría cuántica estándar, la función de onda de un sistema con muchas partículas tiene que referirse al sistema en su totalidad; no hay simplemente una función de onda para cada partícula individual. Así, para un objeto del nivel clásico con gran número de partículas (una pelota de golf, por ejemplo) tan pronto como una de las partículas constituyentes sufriera un golpe, la función de onda *entera* del objeto se reduciría. En el caso de una pelota de golf, que tendría alrededor de 10^{25} partículas, esta reducción se produciría en menos de un nanosegundo. Así, un estado cuántico consistente en la superposición de una pelota de golf en un sitio y la misma pelota de golf en otro sitio se reduciría, en un tiempo inferior al nanosegundo, bien al estado cuántico en el que la pelota está en una de las dos posiciones, bien al estado cuántico en el que la pelota está en la otra.

Así es como el esquema GRW resuelve uno de los problemas más fundamentales con que se encuentra la versión estándar de la teoría cuántica: la *paradoja del gato de Schrödinger* (Schrödinger, 1935a). Según esta paradoja, un gato se coloca en una superposición cuántica de dos estados, en uno de los cuales el gato está vivo y en el otro está muerto. La teoría cuántica estándar (insistamos en que la evolución de un estado cuántico obedece únicamente al proceso **U**) nos diría que la superposición de un gato muerto y un gato vivo debe persistir, y que ambos estados no pueden resolverse en uno o en otro. Sin embargo, en el esquema GRW, el estado del gato sí se resolvería en uno o en el otro (en una escala temporal de bastante menos de un nanosegundo).

Estados confundidos

Un rasgo importante del esquema anterior es que depende del hecho de que un estado cuántico que involucre muchas partículas es probable que sea lo que se conoce como *estado confundido*. Ilustraré este tipo de situación en términos de los llamados fenómenos EPR (Einstein-Podolsky-Rosen). Éstos sirven también para subrayar la naturaleza esencialmente no local de los estados cuánticos en relación al proceso **R**.

Imaginemos que un estado inicial de espín 0 se descompone en dos partículas con espín 1/2 cada una viajando en sentidos opuestos. Si se elige una dirección específica del espacio y se mide el espín de ambas partículas, entonces deben obtenerse valores *opuestos* para cada una, porque el estado de espín combinado es cero. Esto se aplica con independencia de la dirección que se elija.

También pueden llevarse a cabo medidas más complicadas, escogiendo una dirección de espín *diferente* para cada partícula. El resultado de la medida en cada caso es un simple «sí» o «no» (ya que una partícula de espín 1/2 porta un solo bit de información con respecto a su espín). Pero hay ciertas probabilidades conjuntas, determinadas por la teoría cuántica estándar, de que los resultados para ambas partículas *coincidan* o *discrepen* (probabilidades que vienen dadas por $1 - \cos \theta : 1 + \cos \theta$, donde θ es el ángulo entre las direcciones escogidas).

De acuerdo con un famoso teorema de John S. Bell (1964), no hay forma de explicar «localmente» las probabilidades conjuntas que describen las predicciones mecanocuánticas para estos pares de medidas, donde cada partícula se contempla como una entidad separada. Hay que considerar que las dos partículas están «conectadas» de alguna manera misteriosa hasta que se lleva a cabo una medida sobre una u otra. En efecto, la realización de una medida sobre *una* partícula causa la reducción instantánea del estado de la *otra* partícula. El estado del par de partículas no puede considerarse dado por los estados de cada partícula por separado. El *par* de partículas tiene un estado cuántico *confundido*, y no hay estados de las partículas por separado.

El fenómeno de la confusión cuántica fue descrito por primera vez por el propio Schrödinger (1935b) como una propiedad general de los sistemas cuánticos. El teorema de Bell abrió el camino para la verificación experimental de los efectos de la confusión cuántica a larga distancia. Estos efectos fueron observados por unos cuantos experimentadores, pero los resultados más llamativos los obtuvieron Alain Aspect y sus colegas (1982), quienes observaron confusiones cuánticas que abarcaban distancias de hasta doce metros.

Cualquier objeto macroscópico ordinario, como el del experimento mental del gato de Schrödinger, sería él mismo un sistema confundido. Las partículas individuales del cuerpo del gato no tendrían estados propios, sino que serían parte de un estado confundido para el gato entero. Esto sería ciertamente una implicación de las descripciones mecanocuánticas estándar. El esquema GRW hace uso de descripciones mecanocuánticas del mismo estilo. Así, el estado del gato entero se reduce tan pronto una de las partículas del gato de Schrödinger sufre un «golpe», de manera que el gato se encuentra en un estado «muerto» o «vivo» y no en una superposición cuántica de ambos.

Confusión con el entorno

De hecho, el estado del gato no estaría aislado del de su entorno, por lo que tendríamos que considerar que las confusiones no acaban en el gato, sino que se extienden a su entorno también. Es más, habría muchas más partículas en este entorno perturbado de las que habría en el propio cuerpo del gato. En las discusiones *estándar* del proceso de medida, el papel del entorno de un sistema cuántico ya se considera ciertamente importante. Según el argumento estándar, la información cuántica detallada (lo que se conoce como «relaciones de fase») que distingue una superposición cuántica de una combinación probabilística ponderada simplemente se perderá en estas confusiones con el entorno. Así, una superposición cuántica se comportará *de facto* como una combinación probabilística ponderada de alternativas, tan pronto como las confusiones con el entorno se hagan significativas.

Sin embargo, en realidad todo lo que este argumento estándar consigue es una *coexistencia* (a efectos prácticos) entre los procedimientos cuánticos **U** y **R**, más que una deducción de **R** a partir de **U** (lo cual, estrictamente hablando, sería imposible en cualquier caso, aunque sólo sea porque el procedimiento **U** no hace mención alguna a las probabilidades). Si queremos explicar cómo se comportan realmente los objetos físicos necesitamos algo más que una evolución meramente determinista dada por la ecuación de Schrödinger **U** del sistema considerado (como el propio Schrödinger se encargó de subrayar). Lo que prentenden conseguir los esquemas como el GRW es un cuadro en el que el proceso **R** físicamente observado (o algo muy parecido) forme parte de la evolución física real del sistema.

De hecho, dentro del esquema GRW, sería en el entorno de un sistema donde normalmente se producirían antes los «golpes», y las confusiones de este entorno con el sistema se traducirían en que el procedimiento de reducción R surtiría efecto en el sistema mismo. Por ejemplo, una molécula de ADN sería, con mucho, demasiado pequeña para que los «golpes» en sus nucleótidos constituyentes individuales fuesen significativos. Sin la aportación de los «golpes» en el entorno confundido, no habría nada que determinase una sucesión de nucleótidos concreta en una cadena de ADN en vez de una mera superposición cuántica de secuencias diversas.

¿Un esquema de reducción gravitacional no computable?

Nada de esto nos dice alguna cosa sobre el papel de la no computabilidad en la acción física, cuya necesidad he defendido con vehemencia al principio. Hasta ahora me he limitado a señalar un importante vacío de nuestro conocimiento físico, en la frontera de los niveles cuántico y clásico, y a citar una propuesta concreta (el esquema GRW) que intenta tender un puente entre ambos niveles. Yo diría que hay razones poderosas para pensar que la física que *realmente* tienda este puente será resultado de una unión apropiada entre la teoría cuántica y la teoría de la relatividad general einsteiniana. Generalmente se acepta que esta unión tendría que traducirse en una modificación de la teoría gravitatoria de Einstein (a escalas de distancia muy pequeñas), pero hay quienes, de manera menos convencional, piensan que la teoría cuántica estándar deberá cambiar también cuando se encuentre la unión apropiada, de manera que el fenómeno de la reducción del vector de estado **R** resultará ser un fenómeno cuántico-gravitatorio (véase Komar, 1969; Károlyházy, 1974; Károlyházy *et al.*, 1986; Diósi, 1989; Ghirardi *et al.*, 1990; Penrose, 1989, 1993, 1994).

Si se acepta que la teoría ausente requerida para sustituir el apaño **R** debe ser gravitatoria, esto conduce a ciertas estimaciones del orden de magnitud de los niveles y escalas temporales en los que debería producirse **R**. (Hay también algunos indicios indirectos —y bastante provisionales— de que dicha teoría podría muy bien ser de naturaleza no computacional; cfr. Penrose, 1994.)

Para hacernos alguna idea del nivel al que una teoría así debería comenzar a tener relevancia, consideremos un cuerpo sólido que se encuentra en una superposición lineal de dos localizaciones distintas. Supondré que tal superposición es como una partícula o núcleo inestable, con una cierta vida media. Supondré también que hay dos modos de desintegración, uno en que el estado superpuesto se reduce al estado correspondiente a una de las dos localizaciones consideradas, y otro correspondiente a la otra localización. Para estimar la vida media de esta desintegración, consideremos la energía E que haría falta para distanciar ambas réplicas del cuerpo, partiendo de la coincidencia, hasta la separación que tienen en la superposición considerada, donde sólo tenemos en cuenta el efecto que tendría el campo *gravitatorio* de uno de los cuerpos sobre el otro (cfr. Diósi, 1989). Dicho de otro modo, y asumiendo que el cuerpo es rígido, E es la autoenergía gravitatoria de la *diferencia* entre los campos gravitatorios newtonianos de ambas réplicas del cuerpo (cfr. Penrose, 1994). La vida media T para la desintegración del estado superpuesto en uno u otro estado de localización es entonces del orden de

$$T = \hbar/E,$$

donde $\hbar$ es la constante de Planck dividida por 2π.

Examinemos este criterio en ciertas situaciones simples. Si el cuerpo consistiese en una partícula nuclear aislada, entonces (asumiendo que el radio de la partícula sea del orden de 1 fermi) obtenemos un tiempo de desintegración de unos 10^7 años (similar al del esquema GRW original). Para un cuerpo con la densidad del agua y con un radio de 1 micrómetro, T estaría en torno a 1/20 de segundo. Si el radio fuese de 10^{-3} cm, entonces T sería menos de una millonésima de segundo; para un radio de 10^{-5} cm, T sería del orden de horas.

Sin embargo, como he justificado antes, estos serían los tiempos de reducción sólo si el cuerpo permaneciese aislado de su entorno. Si cantidades significativas del material circundante resultasen perturbadas, entonces el tiempo de reducción sería mucho más corto.

La propuesta que hago aquí es que, para que este esquema de reducción de estado exhiba propiedades significativamente no computacionales, sería necesario que la reducción tuviese lugar en el propio sistema (llamaré a esto *autorreducción*) y no en el entorno. La idea es que el entorno es esencialmente aleatorio, de manera que cualquier aspecto genuinamente no computacional quedaría enmascarado por esta aleatoriedad, siempre y cuando sea la reducción del estado del entorno la que (debido a los efectos de la confusión cuántica) provoque la reducción del estado del sistema. En cualquier situación experimental normal, sería efectivamente el entorno el que controlaría la reducción del estado, de manera que no veríamos nada distinto del comportamiento aleatorio normal descrito de forma tan eficiente por el procedimiento **R** de la mecánica cuántica estándar. Haría falta una estructura primorosamente organizada para que se diese un aislamiento cuántico suficiente para que tenga lugar la autorreducción (antes de que el entorno aleatorio se imponga). Una tal organización posibilitaría el que hubiese desviaciones significativas *no computacionales* del procedimiento aleatorio normal **R**, tal como sería obligado de acuerdo con mi argumentación inicial.

Relevancia para la acción cerebral consciente

Hasta ahora ningún experimento físico ha podido acercarse a la obtención del aislamiento necesario. Esto no quiere decir que la naturaleza no haya encontrado vías para acceder a las condiciones requeridas. En efecto, de los argumentos de la sección inicial se desprende que de algún modo la naturaleza ha encontrado tales vías. La imagen convencional de la función cerebral sugiere que ésta puede comprenderse por completo en términos de señales nerviosas y acción sináptica. Las señales nerviosas parecen perturbar demasiado su entorno para que pueda conseguirse un mínimo aislamiento que satisfaga los criterios de la sección precedente. ¿Pero qué podemos decir de la acción sináptica? Las tensiones de las sinapsis (al menos de algunas de ellas) están sujetas a un cambio continuo. ¿Qué es lo que controla estos cambios? Parece haber diversas posibilidades y distintas propuestas, pero un factor importante parece ser la actividad de los *microtúbulos* que forman el citoesqueleto de las neuronas.

¿Qué son los microtúbulos? Se trata de minúsculas estructuras tubulares citoplasmáticas que desempeñan funciones muy diversas dentro de las células. Por ejemplo, en los animales unicelulares parecen tener un papel importante en el control de la locomoción (como en el caso de las amebas que cambian continuamente de forma). En el tejido nervioso controlan la forma en que las neuronas individuales establecen conexiones (mediante movimientos ameboides). Los microtúbulos se extienden por el interior de axones y dendritas, prolongándose hasta la vecindad de las sinapsis. Transportan diversas moléculas, en particular los neurotransmisores químicos vitales para la propagación de las señales nerviosas a través de las sinapsis.

Los microtúbulos están compuestos por una proteína en forma de cacahuete llamada tubulina (de dimensiones 8 nm × × 4 nm × 4nm). Las unidades de tubulina están dispuestas en una red hexagonal ligeramente oblícua. Cada tubulina es un «dímero», es decir, dos subunidades unidas llamadas α-tubulina y β-tubulina. Un dímero de tubulina puede existir en (al menos) dos estados distintos, llamados «conformaciones» (qué por lo visto dependen de la localización de un solo electrón emplazado en un «bolsillo hidrofóbico» central entre ambas subunidades). Hameroff y Watt (1982; cfr. Hameroff, 1987) han sugerido que estas conformaciones se comportan como estados «activo» e «inactivo» correspondientes a los bits «1» y «0», lo que posibilitaría la propagación de señales complicadas a lo largo de los microtúbulos a la manera de un autómata celular.

Esto proporciona únicamente la potencialidad para el análogo de un computador con una potencia virtual enormemente mayor de la que resultaría de considerar las neuronas como meras «unidades computacionales». (Los cambios de conformación de la tubulina se propagan cerca de un millón de veces más rápido que las señales neuronales, y hay unos diez millones de unidades de tubulina por neurona.) Sin embargo, y de acuerdo con la discusión precedente, necesitamos algo más que esto. Tiene que haber campo para la acción *no computacional*, una acción que sólo podría surgir si un estado cuántico coherente a escala macroscópica pudiera mantenerse en un entorno aislado durante un tiempo suficiente para que dicho estado cuántico (o al menos partes de él) pueda *autocolapsar* en vez de colapsarse por la confusión cuántica con el entorno. ¿Ofrecen los microtúbulos un emplazamiento plausible para esta clase de acción física? Creo que las perspectivas de una respuesta positiva son buenas. Recordemos que los microtúbulos son *tubos*. Hay margen para alguna clase de oscilación cuántica *dentro* de los tubos (Hameroff, 1974; del Giudice *et al.*, 1983; Hameroff, 1987; Jibu *et al.*, 1994; cfr. Fröhlich, 1968) que podría estar débilmente acoplada con cambios de conformación de los dímeros de tubulina. Las oscilaciones cuánticas a lo largo de los tubos probablemente no implicarían movimientos de masa significativos, pero podrían darse situaciones en las que el acoplamiento conformacional se haga lo bastante importante para que haya un movimiento de masa que pueda provocar el autocolapso. El punto de vista aquí presentado es que en este autocolapso hay implicada una no computabilidad, y que los eventos conscientes deben identificarse de alguna manera con este proceso.

Está claro que en estas propuestas hay una buena dosis de especulación, pero me parece que hace falta *algo* de esta naturaleza general. Se puede encontrar una presentación mucho más completa de estos argumentos en Penrose (1994) y en un artículo aún por publicar de Hameroff y yo mismo.

REFERENCIAS

Aspect, A., P. Grangier y G. Roger, «Experimental realization of Einstein-Podolsky-Rosen-Bohm *Gedankenexperiment*: a new violation of Bell's inequalities», *Physical Review Letters* 48 (1982), págs. 91-94.

Bell, J.S., «On the Einstein-Podolsky-Rosen paradox», *Physics* 1 (1964), págs. 195-200. Reimpreso en *Quantum Theory and Measurement*, eds. J.A. Wheeler and W.H. Zurek, Princeton University Press, Princeton, 1983.

Del Giudice, E., S. Doglia y M. Milani, «Self-focusing and ponderomotive forces of coherent electric waves —a mechanism for cytoskeleton formation and dynamics», en *Coherent Excitations in Biological Systems*, eds. H. Fröhlich y F. Kremer, Springer, Berlín, 1983.

Diósi, L., «Models for universal reduction of macroscopic quantum fluctuations», *Physical Review A* 40 (1989), págs. 1165-1174.

Fröhlich, H., «Long-range coherence and energy storage in biological systems», *International Journal of Quantum Chemistry* II (1968), págs. 641-649.

Ghirardi, G.C., A. Rimini y T. Weber, «Unified dynamics for microscopic and macroscopic systems», *Physical Review* 34 (1986), pág. 470.

Ghirardi, G.C., R. Grassi y A. Rimini, «Continuous-spontaneous-reduction model involving gravity», *Physical Review A* 42 (1990), págs. 1057-1064.

Gödel, K., «Uber formal unentscheidbare Sätze der Principia Mathematica und verwandter Systeme I», *Monatshefte für Mathematik und Physik* 38 (1931), págs. 173-198.

Hameroff, S.R., «Chi: a neural hologram? *American Journal of Clinical Medicine* 2(2), 1974, págs. 163-170.

Hameroff, S.R., *Ultimate Computing. Biomolecular Consciousness and Nano-Technology*, North Holland, Amsterdam, 1987.

Hameroff, S.R. y R.C. Watt, «Information processing in microtubules», *Journal of Theoretical Biology* 98 (1982), págs. 549-561.

Jibu, M., S. Hagan, S.R. Hameroff, K.H. Pribram y K. Yasue, «Quantum optical coherence in cytoskeletal microtubules: implications for brain function», *BioSystems* 32 (1994), págs. 195-209.

Károlyházy, F., «Gravitation and quantum mechanics of macroscopic bodies, *Magyar Fizikai Polyoirat* 12 (1974), pág. 24.

Károlyházy, F., A. Frenkel y B. Lukács, «On the possible role of gravity on the reduction of the wave function», en *Quantum Concepts in Space and Time*, eds. R. Penrose y C.J. Isham, Oxford University Press, Oxford, 1986.

Komar, A.B., «Qualitative features of quantized gravitation», *International Journal of Theoretical Physics* 2 (1969), págs. 157-160.

Penrose, R., *The Emperor's New Mind: Concerning Computers,*

Minds, and the Laws of Physics, Oxford University Press, Oxford, 1989 [trad. esp.: *La nueva mente del emperador*, Mondadori, Madrid, 1991].

Penrose, R., «Gravity and quantum mechanics», en *General Relativity and Gravitation 1992. Proceedings of the Thirteenth International Conference on General Relativity and Gravitation held at Cordoba, Argentina, 28 June-4 July 1992. Part 1: Plenary Lectures*, eds. R.J. Gleiser, C.N. Kozameh y O.M. Moreschi, Institute of Physics Publishing, Bristol, 1993.

Penrose, R., *Shadows of the Mind: An Approach to the Missing Science of Consciousness*, Oxford University Press, Oxford, 1994.

Schrödinger, E., «Die gegenwärtige Situation in der Quantenmechanik», *Naturwissenschaften* 23 (1935a), págs. 807-812, 823-828, 844-849. Reimpreso en *Quantum Theory and Measurement*, eds. J.A. Wheeler y W.H. Zurek, Princeton University Press, Princeton, 1983.

Schrödinger, E., «Probability relations between separated systems», *Proceedings of the Cambridge Philosophical Society* 31 (1935b), págs. 555-563.

Schrödinger, E., *Mind and Matter*, Cambridge University Press, Cambridge, 1958 [trad. esp.: *Mente y materia*, Tusquets Editores (Metatemas 2), Barcelona, 1983].

Zeilinger, A., R. Gaehler, C.G. Schull y W. Mampe, «Single and double slit diffraction of neutrons», *Reviews in Modern Physics* 60 (1988), pág. 1067.

10
¿Evolucionan las leyes de la naturaleza?
Walter Thirring

Muchas cosas de la naturaleza que creíamos eternas, como las estrellas fijas, los átomos o magnitudes como la masa, resultaron ser sólo formas temporales. Hoy la única cosa a la que se le atribuye la condición de eterna es la ley natural. En una contribución a un simposio organizado por la Academia Pontificia de la Ciencia bajo el lema «La comprensión de la realidad: el papel de la cultura y la ciencia», intenté explicar por qué no creo que esto deba ser necesariamente así, y que también las leyes pueden evolucionar en el curso de la historia del universo. Me gustaría exponer esta herejía ante un público científico más amplio, no como una verdad eterna, sino como una posibilidad digna de reflexión y discusión.

Los físicos de hoy conocen las leyes que describen el mundo material desde lo diminuto a lo inmenso. El que no haya ningún fenómeno conocido que contradiga estas leyes es poco sorprendente si se tiene en cuenta que los físicos han tenido que ajustarlas para acomodar cualquier hecho hasta entonces inexplicado. El hecho sorprendente es que en este proceso de extensión gradual las leyes se han ido haciendo cada vez más generales y unificadas. Por ejemplo, la mecánica cuántica de los sistemas atómicos reemplaza la mecánica clásica y la incorpora como caso límite. De modo parecido, la física de partículas elementales incorpora la física atómica como límite de baja energía. Esto ha llevado a muchos a pensar que en lo alto de esta pirámide hay un *Urgleichung* (noción introducida por Heisenberg, ahora conocida como Teoría de Todo) que lo contiene todo.

Sea como sea, tanto si se acaba dando con ella como si nunca pasa de ser un espejismo, esta hipotética teoría de todo deja en su estela la citada pirámide de leyes relativas a escalas espaciotemporales particulares, con dominios de aplicabilidad unas veces restringidos y otras vastos. Los biólogos hablan también de diversos niveles de leyes (Novikoff, 1945; Mayr, 1988; Weinberg, 1987), solo que ellos invierten la pirámide. Cuanto más complejo es un sistema más arriba está en la pirámide. Puesto que «arriba» y «abajo» reflejan involuntariamente un juicio de valor, esto denota una diferencia entre físicos y biólogos en su actitud hacia la complejidad.

La afirmación «Teoría de Todo» tiene que entenderse, naturalmente, en el marco del pensamiento contemporáneo. Para formular las leyes de la física es aconsejable usar el lenguaje de la teoría cuántica y hablar de observables y de estados. Por ejemplo, para una partícula los observables son su posición x y su momento p, mientras que los estados vienen dados por la ecuación de Schrödinger, que da una distribución de probabilidad para esas variables. Los observables son una realidad objetiva y evolucionan de manera determinista. Con esto quiero decir que hay una correspondencia uno a uno entre los valores de estas variables en el tiempo t, $(x(t), p(t))$, y los valores iniciales (x, p). Más precisamente, las transformaciones $(x, p) \rightarrow (x(t), p(t))$ forman un grupo uniparamétrico de automorfismos del álgebra generada por (x, p), siendo t el parámetro. El estado de un cierto sistema refleja nuestro conocimiento subjetivo. En mecánica cuántica este conocimiento nunca es completo, lo que lleva a una cierta impredictibilidad. (No quiero emplear el término «causalidad», que tiene otra connotación filosófica.) A pesar de la evolución temporal determinista, no todo puede predecirse con certeza, porque aun en el presente hay cierta incertidumbre. Para sistemas grandes esta incertidumbre se hace abrumadora, ya que sólo podemos medir una pequeña fracción de todos los observables. Naturalmente, somos libres de elegir lo que queremos medir, pero en cualquier caso será una mínima parte. Matemáticamente, esto significa que el estado sólo puede determinarse dentro de un cierto contorno poco definido.

Sin embargo, existe la creencia general de que la evolución temporal dictada por el *Urgleichung* contiene la dinámica del universo entero y lo determina todo. Me gustaría reemplazar esta creencia por otra basada en tres tesis:

(i) Las leyes de cualquier nivel inferior en la pirámide antes mencionada no están completamente determinadas por las leyes del nivel superior, aunque no las contradicen. Sin embargo, lo que a cierto nivel parece un hecho fundamental puede parecer puramente accidental cuando se contempla desde el nivel superior.

(ii) Las leyes de un nivel inferior dependen más de las circunstancias a las que se refieren que de las leyes por encima de ellas. Sin embargo, puede que necesiten de estas últimas para resolver ambigüedades internas.

(iii) La jerarquía de leyes ha evolucionado paralelamente a la evolución del universo. Las leyes de nuevo cuño no existían al principio como tales, sino sólo como posibilidades.

No considero que estas propuestas sean revolucionarias, sino conjeturas plausibles inspiradas por nuestro conocimiento actual. Estoy lejos de poder demostrarlas matemáticamente, pero las aclararé con algunos ejemplos. Soy consciente de que algunos de ellos pertenecen a ciertos campos especulativos de la física y podrían quedarse en ciencia ficción, por lo que hay que tomarlos sólo como ilustraciones.

(*a*) El hecho de que vivamos en un mundo de tres dimensiones espaciales y una temporal es la base de nuestras teorías, y mucha gente se ha entretenido en explorar cómo sería la vida en mundos extraños con distinto número de dimensiones. Ahora bien, las ideas físicas vigentes sugieren que al principio el mundo tuvo muchas más dimensiones que ahora, y que por alguna anisotropía tres de ellas se han expandido enormemente (Chodos y Detweiler, 1980), mientras que las otras han colapsado y sólo han dejado trazas en las simetrías internas de las partículas elementales. La separación en $4 + x$ dimensiones no está ni mucho menos escrita en el *Urgleichung*, donde todas las dimensiones son perfectamente simétricas. En esas teorías esta separación concreta es accidental y tan impredecible como la posición de una gota en un fenómeno de condensación. Dicha impredictibilidad parece contradecir la evolución temporal determinista. Después de todo, no hay más que tomar el estado presente y hacerlo evolucionar hacia atrás en el tiempo para saber exactamente cuál es el estado inicial que conduce a la situación presente. Sin embargo, como ya he dicho, en sistemas grandes no es posible determinar con precisión dónde se encuentra un estado, y cualquier vecindad contiene estados que evolucionarán de todas las maneras concebibles.

(*b*) Aunque este espacio interno, arrollado hasta 10^{-33} cm, no tenía una dirección preferente, su simetría se rompió por alguna transición de fase y la interacción fundamental se dividió en las fuerzas electromagnética, débil y fuerte (Barrow y Tipler, 1986; Weinberg, 1977). El que esto ocurriera así y no de otra manera no estuvo en absoluto determinado por el equilibrio térmico original, que debe haber contenido todas las leyes potenciales que pueden surgir como resultado de las rupturas de simetría posibles. Durante largo tiempo, la búsqueda de una teoría que explicase los valores numéricos de estas interacciones, como la famosa constante de estructura fina $e^2/\hbar c = (137,0...)^{-1}$, fue la obsesión de muchos grandes físicos. Hasta ahora todos los intentos han fracasado, y en el cuadro actual esos valores parecen ser accidentales.

(c) La dinámica de muchos cuerpos no depende tanto de la forma concreta de la interacción entre las partículas como de una propiedad llamada estabilidad (Lieb, 1991; Thirring, 1990), que existe cuando la energía potencial por partícula está acotada inferiormente por una energía independiente del número de partículas. Si esto no se satisface, la materia forma un conglomerado caliente que puede acabar desapareciendo en un agujero negro. La estabilidad de la materia ordinaria gira de manera crucial en torno al hecho de que el electrón obedece la estadística de Fermi. Si la partícula π^- fuese más ligera que el electrón y, por lo tanto, fuese la partícula cargada estable más ligera, estaríamos en una situación peculiar. El hidrógeno $= p\pi^-$ seguiría siendo estable, ya que el protón es un fermión, pero no así el deuterio $= d\pi^-$. Para N bosones cargados la energía del estado fundamental es aproximadamente $-N^{7/5}$; así, un mol de deuterio contendría $10^{24\times2/5} \approx 10^{9,6}$, más energía por mol que el hidrógeno. En este esquema todos los núcleos se convertirían en isótopos de masa uniforme, y la materia se convertiría en un plasma superdenso.

(d) La estabilidad a largo plazo de estructuras mayores como el sistema planetario está gobernada por las resonancias (Siegel y Moser, 1971). Si los periodos de revolución de dos planetas entran en resonancia, el más pequeño es expulsado de su órbita. Así, el destino de la Tierra depende de las propiedades numéricas de la razón entre los periodos de revolución de los otros planetas (principalmente Júpiter) y el del nuestro. El que la atracción gravitatoria venga dada por la ley de Newton o alguna otra fórmula tiene poca importancia. Así, para la cuestión de cuánto tiempo seguirá nuestra Tierra en su

órbita, la teoría de números es más relevante que la de campos gravitatorios.

Este ejemplo también ilustra por qué puede ser necesario apelar al nivel superior para resolver ambigüedades. La singularidad del potencial $-1/r$ nos impide predecir a la manera clásica si una órbita es reflejada por dicha singularidad o pasa a través de ella. En la mecánica cuántica esta singularidad no es un problema para la evolución temporal y su límite clásico nos dice que la primera alternativa es la correcta.

La lista de ejemplos podría alargarse a voluntad, pero me gustaría hacer la observación de que, para acomodar hechos aparentemente contradictorios, los físicos tuvieron que ampliar sus conceptos y, al hacerlo, perder poder predictivo. Por ejemplo, la mecánica cuántica describe las propiedades ondulatorias y corpusculares de las partículas a costa de las relaciones de incertidumbre. El *Urgleichung* —si es que existe tal cosa— debe contener en potencia todas las rutas posibles que el universo podría haber tomado y en consecuencia todas las leyes posibles. Con una ecuación de esta clase la física estaría en una posición similar a la de las matemáticas en los años treinta, cuando Gödel demostró que las estructuras matemáticas, aunque no sean inconsistentes, siempre contendrán proposiciones verdaderas que no son deducibles. De la misma manera, el *Urgleichung* no contradirá la experiencia (de otro modo habría que modificarlo) pero estará lejos de determinarlo todo. A medida que el universo evolucionaba, las circunstancias creaban sus propias leyes.

Uno puede abrigar la sensación de que los distintos niveles discutidos son sólo manifestaciones diferentes de un principio más fundamental. La dificultad de precisar más esta intuición reside en una buena definición de lo que es fundamental. Por ejemplo, se puede argumentar que el principio fundamental en teoría de campos (clásica o cuántica) es la invariancia de Lorenz, y que las ecuaciones de Maxwell o de Yang-Mills son sólo mecanismos especiales. Pero esto no tiene validez general: la relatividad general nos enseña que los espacios con un grupo de isomorfismos tan extenso son excepcionales. Peor aún, como hemos discutido en *(a)*, la dimensionalidad y la signatura del espacio tiempo pueden ser resultado de un accidente histórico. De modo parecido, la naturaleza extensiva de la energía según N puede considerarse una ley fundamental. Es simple y de validez muy amplia. Se cumple para todos los elementos químicos, y constituye la base de la importante ciencia de la termodinámica. Pero no es general, pues es violada por las interacciones gravitatorias. Una vez más, como hemos discutido en *(b)*, puede ser resultado de un accidente histórico: de existir un bosón cargado más ligero que el electrón, la ley fundamental sería energía $\propto N^{7/5}$ en vez de energía $\propto N$. En este sentido, leyes que nos parecen fundamentales podrían no haber existido al principio como leyes, sino sólo como posibilidades.

Estas ideas podrían propiciar un cambio de énfasis en la ciencia. En la visión imperante, la meta científica más noble debe ser el hallazgo de una Teoría de Todo, ya que cualquier otra cosa puede derivarse como caso especial. Pero si admitimos que las pocas letras griegas del *Urgleichung* no dicen mucho, y que la física real consiste en sus consecuencias matemáticas en una situación dada, entonces los distintos niveles en la pirámide de la física están ahí por derecho propio. Esto no significa que no estemos obligados a deducir lo que es deducible de los niveles superiores, sino que hay que hacerlo con la debida modestia y sin falsas pretensiones.

REFERENCIAS

Barrow, J.D. y F. Tipler, *The Anthropic Cosmological Principle*, Clarendon Press, Oxford, 1986.
Chodos, A. y S. Detweiler, «Where has the fifth dimension gone?» *Physical Review D* 21 (1980), págs. 2167-2170.

Lieb, E.H., «The stability of matter», en *From Atoms to Stars. Selected Papers*, Springer, Nueva York, 1991.

Mayr, E., «The limits of reductionism», *Nature* 331 (1988), pág. 475.

Novikoff, A.B., «The concept of integrable levels in biology», *Science* 101 (1945), págs. 209-215.

Siegel, C.L. y J. Moser, *Lectures in Celestial Mechanics*, Springer, Nueva York, 1971.

Thirring, W., «The stability of matter», *Foundations of Physics* 20 (1990), págs. 1103-1110.

Weinberg, S., *The First Three Minutes — A Modern View of the Origin of the Universe*, André Deutsch, Londres, 1977 [trad. esp.: *Los tres primeros minutos del universo*, Alianza, Madrid, 1978].

Weinberg, S., «Newtonianism, reductionism and the art of congressional testimony», *Nature* 330 (1987), págs. 433-437.

11
Nuevas leyes esperables en el organismo: sinergética del cerebro y el comportamiento*
J.A. Scott Kelso y Hermann Haken

> El estudio de los entes vivos es la mejor manera de apreciar cuán primitiva es aún la física.
>
> A. Einstein

Introducción

El título de este artículo —al menos hasta los dos puntos— ha sido descaradamente robado del maravilloso librito de Schrödinger (1944) *¿Qué es la vida?* La frase tras los dos puntos señala una posible fuente de estas nuevas leyes. El término «sinergética» fue acuñado por H. Haken (1969, 1977) para delimitar un campo de investigación multidisciplinario relativamente nuevo, orientado a comprender la formación de patrones en sistemas abiertos fuera del equilibrio, como son los sistemas atravesados por un flujo continuo de energía y/o materia. La sinergética trata del modo en que las partes individuales (por lo general muy numerosas) de un sistema cooperan para crear estructuras espaciotemporales o funcionales novedosas. En la última década ha habido grandes progresos en cuanto al discernimiento de la generación de patrones en sistemas físicos, químicos y bioquímicos (véanse Babloyantz, 1986; Bak, 1993; Bergé, Pomeau y Vi-

* Buena parte de la obra descrita en este artículo ha sido subvencionada por las siguientes fuentes: Beca MH42900 del NIMH (Rama de Investigación Neurológica), Beca RR07258 del BRS, Contrato N00014-92-J-1904 de la Oficina de Investigación Naval y Beca DBS9213995 del NSF. Estamos muy agradecidos a Tom Holroyd y Armin Fuchs por su ayuda con las figuras.

189

dal, 1984; Collet y Eckmann, 1990; Ho, en prensa; Iberall y Soodak, 1987; Kuramoto, 1984; Nicolis y Prigogine, 1989, para una revisión). En particular, los principios de construcción sinergéticos han establecido los conceptos de inestabilidad, parámetro de orden, fluctuación y esclavitud, cruciales para comprender y predecir la formación espontánea (autoorganización) de patrones en sistemas complejos.

Cuando Schrödinger sugirió abiertamente (seguro que para horror de muchos, entonces y ahora) que la comprensión de los sistemas vivos podría implicar «otras leyes» más allá de las «leyes físicas conocidas», los conceptos teóricos de generación de patrones y autoorganización en sistemas abiertos fuera del equilibrio eran virtualmente desconocidos (algo se apuntaba, sin embargo, en la obra precursora de von Bertalanfy, así como en la poco afortunada introducción del término «neguentropía» por parte del propio Schrödinger). Además, las herramientas matemáticas de la dinámica no lineal todavía tenían que explotar, en parte porque la computación electrónica (el principal medio para explorar ecuaciones no lineales cuyas soluciones analíticas se desconocen) estaba en mantillas. En una carta a Born, Schrödinger decía lo siguiente de sus estimados colegas Dirac y Eddington: «No salen de su pensamiento lineal. Todo es lineal, lineal...Una vez Einstein me dijo que, si todo fuera lineal, nada influiría en nada. Realmente así es» (Moore, 1989, pág. 381). Schrödinger advirtió que las estructuras ligadas a transiciones del desorden al orden (como los cambios en la estructura macroscópica de la materia al descender la temperatura) de tanto interés e importancia para la física, eran completamente irrelevantes para la emergencia de los procesos vitales. En física, los distintos estados de agregación de la materia —sólido, líquido, gas— se denominan *fases*, y las transiciones entre ellos se denominan *transiciones de fase*. Un ejemplo de ordenación progresiva es la conversión de un vapor en agua líquida y finalmente en hielo. Resulta obvio de inmediato que los procesos vitales no tienen nada que ver con este tipo de transiciones de fase, y que se necesitan principios completamente diferentes ligados a transiciones de fase *lejos del equilibrio*. Estas últimas se dan en sistemas con una inyección de energía externa (o, como en los sistemas vivos que tienen metabolismo, de dentro a fuera). Sin este intercambio de energía, materia o información con el entorno, tales sistemas no podrían mantener su estructura ni su función.

En biología, al menos hasta ahora, los procesos de autoorganización en sistemas abiertos han tenido poco eco. Es verdad que los mecanismos de reacción-difusión del tipo descrito por Turing se citan con frecuencia en las discusiones sobre el desarrollo embrionario y la génesis de la forma biológica, pero esto es bien poca cosa (véase Wolpert, 1991). También es verdad que la mayoría de biólogos admite que los organismos pertenecen a la clase general de los sistemas abiertos. En *Of Moleculas and Men*, Crick (1966) incluso remarca —en un único párrafo— que «el organismo tiene que ser un sistema abierto» (pág. 9). Esto, dice, es el requerimiento mínimo para la vida. Sin embargo, cosa no sorprendente, la atención se centra con mucho en el hecho de que los organismos poseen un material genético que les permite reproducirse y transferir «copias» de sí mismos a su descendencia. La selección darwiniana hace el resto. Aun así, desde hace tiempo se reconoce que la selección darwiniana *presupone* la existencia de estructuras automantenidas como los genes, y no explica cómo se seleccionó esa configuración particular de entre la sopa primordial. No existe hasta la hecha ninguna demostración experimental de generación de orden biológico sin la ayuda de precursores biológicos (¡ya ordenados!) (Dyson, 1985).

Resumiendo, la biología moderna reconoce que los organismos son entes organizados. Los biólogos han tenido que sudar mucha tinta para desacreditar la idea de que tras la organización biológica subyace alguna fuerza vital inmaterial, actitud que compartimos (véase Mayr, 1988). Pero, aun cuando la biología habría tenido la motivación más fuerte para poner de manifiesto las limitaciones de «la física y la química ordinarias» y para desentrañar y explicar las «nuevas leyes» de Schrödinger (¿de la autoorganización en sistemas abiertos?), no lo hizo, sino que tomó un camino diferente (la biología molecular). A pesar de los enormes éxitos de la biología molecular, el precio pagado ha sido alto (véase Maddox, 1993). Para dejar claro nuestro punto de vista: no estamos afirmando que las leyes fundamentales de la física (y por lo tanto de la química) no rijan en biología, desde luego que sí; lo que afirmamos es que su marco conceptual es demasiado estrecho. Necesitamos nuevos conceptos que trasciendan la descripción puramente microscópica de los sistemas.

Aunque este capítulo no trata de eventos moleculares *per se*, sí sugiere que los procesos no lineales que tienen lugar lejos del equilibrio son lo bastante ricos para conducir la autoorganización biológica a distintas escalas. Pretendemos demostrar que los conceptos físicos de generación de patrones autoorganizados (es decir, sinergética) ya proporcionan una base para comprender los organismos y sus relaciones con el entorno. El capítulo se organiza como sigue. En la sección 2 se introducen algunos de los principales conceptos de la sinergética de Haken en un contexto físico familiar. En la sección 3 se aplican estas ideas al problema de la *coordinación*, que, según se argumenta, es un (quizás *el*) rasgo fundamental de los seres vivos. En dichos sistemas complejos a menudo se desconocen los grados de libertad y las dinámicas *relevantes*, pero hay que descubrirlos. La sinergética ofrece una estrategia y unos métodos aplicables a cualquier nivel para dilucidar la dinámica (no lineal) subyacente. La sección 4 presenta algunas evidencias recientes que demuestran que el cerebro mismo es fundamentalmente un sistema activo, autoorganizado, sujeto a leyes dinámicas no lineales. Teoría y experimentación convergen en la idea de que los sistemas biológicos, cerebro incluido, residen cerca de la frontera entre el comportamiento regular y el irregular, sobreviviendo mejor, como si dijéramos, en los márgenes de la inestabilidad. En la sección final se aplican algunas de las implicaciones de estos resultados a la vida misma. La prosa de Schrödinger, dicho sea de paso, es imposible de emular. Pero nuestra meta es la misma que la suya: explicar cuáles son los ingredientes esenciales de la autoorganización biológica de forma más conceptual que técnica, y con un mínimo de ecuaciones.

Los mecanismos naturales de la complejidad

Cualquier descripción de la generación de patrones en sistemas abiertos fuera del equilibrio tiene que solventar (al menos) dos problemas. El primero tiene que ver con los detalles de la construcción de dichos patrones a partir de un número inmenso de componentes materiales. El segundo es que a menudo se producen patrones *múltiples* para acomodarse a las condiciones ambientales en vez de un patrón único. Las estructuras biológicas, por ejemplo, son multifuncionales: el mismo conjunto de componentes puede autoorganizarse para diferentes funciones o distintos componentes pueden autoorganizarse para la misma función. Además, hay que dar cuenta de cómo persiste una pauta o estructura dada bajo condiciones ambientales variables (su *estabilidad*) y de cómo se ajusta a un cambio en las condiciones internas o externas (su *adaptabilidad*). Cualquier supuesta ley o principio de autoorganización debe acomodar también los procesos que determinan la *selección* de un patrón entre una miríada de posibilidades. Como veremos, tales procesos implican a menudo la *cooperación* y la *competencia*, junto con una sutil interrelación entre ambas.

Para explicar los mecanismos subyacentes tras la generación de patrones echaremos mano del ejemplo familiar de un fluido calentado por debajo y enfriado por encima. Antes que nada, una advertencia: nadie está diciendo que el cerebro o los seres vivos en general sean simplemente fluidos heterogéneos. Ni mucho menos. El ejemplo del fluido nos sirve para ilustrar algunas de las formas en que la naturaleza rige el comportamiento de sistemas complejos fuera del equilibrio con muchos grados de libertad. En particular, nos permite ilustrar los conceptos sinergéticos clave que proporcionarán una base para la comprensión de la emergencia del orden biológico. Como todos los grandes experimentos físicos, la belleza del ejemplo del fluido reside en que, aun siendo un experimento de laboratorio, abre una ventana que permite contemplar un panorama más amplio. El experimento se conoce como la inestabilidad de Rayleigh-Bénard, y consiste en lo siguiente. Tomemos un líquido como puede ser un poco de aceite de cocina, pongámoslo en una sartén y calentémoslo por debajo. Microscópicamente, el fluido contiene, digamos, 10^{20} moléculas, cada una con un movimiento aleatorio, desordenado *(un número inmenso de elementos microscópicos)*. Si la diferencia de temperatura entre la parte superior y la inferior del fluido es pequeña, no habrá movimiento molecular a gran escala. El calor se disipa entre los elementos en forma de micromovimiento no visible. Nótese que, incluso en esta fase, estamos ante un *sistema abierto*, activado por un gradiente de temperatura que en el lenguaje de la sinergética y los sistemas dinámicos se denomina *parámetro de control*. A medida que este parámetro de control aumenta, tiene lugar un fenómeno sorprendente que recibe el nombre de *inestabilidad*. El líquido comienza a adoptar un movimiento rotatorio ordenado a escala macroscópica. El sistema deja de ser una desordenada colección de moléculas moviéndose al azar: billones de moléculas cooperan para crear pautas macroscópicas que evolucionan en el espacio y el tiempo. La razón para la puesta en marcha del movimiento rotatorio (convección) es que el líquido más frío de la capa fluida superior es más denso y tiende a caer, mientras que el fluido más caliente y menos denso del fondo tiende a ascender.

194

En sinergética, la amplitud del movimiento rotatorio es un *parámetro de orden* o *variable colectiva:* todas las partes del fluido son «sorbidas» por un modo ordenado de coordinación y dejan de conducirse independientemente. En la vecindad de ciertas regiones críticas (cerca de una inestabilidad) el comportamiento macroscópico del sistema está dominado por unos pocos modos colectivos, los llamados parámetros de orden, que son las únicas variables requeridas para describir exhaustivamente la evolución de los patrones generados. Esta compresión de grados de libertad cerca de los puntos críticos se conoce en la literatura física como *principio de esclavización*, debido a Haken (1977), quien le ha dado una formulación matemática exacta para una clase amplia de sistemas. Una excelente revisión de este principio puede encontrarse en Wunderlin (1987). Los ejemplos incluyen la formación de vórtices en el sistema de Taylor-Couette, la generación de luz láser coherente, la formación de patrones de concentración en ciertas reacciones químicas como la de Belousov-Zhabotinski, y la bien estudiada inestabilidad de Turing, que ha servido para modelar la morfogénesis, aunque sin mucho éxito. En todos estos casos la emergencia de patrones es producto únicamente de la dinámica cooperativa del sistema, sin ninguna influencia ordenadora específica del exterior, ni ningún agente tipo homúnculo, ni ningún *programa* interno. El parámetro de control es *inespecífico*, es decir, no prescribe o contiene el código para el patrón emergente del que se dice que es producto de la *autoorganización*. En los sistemas autoorganizativos no hay un *deus ex machina*, ningún fantasma en la máquina que ordene las partes. Ningún «yo», de hecho. Más adelante discutiremos cómo podrían incorporarse en este cuadro influencias paramétricas *específicas* sobre procesos biológicos.

Unos cuantos puntos más. Uno concierne a la *causalidad circular:* el parámetro de orden es fruto de la cooperación de las partes individuales del sistema, y al revés, el parámetro de orden gobierna el comportamiento de las partes indivi-

195

duales. En el láser, por ejemplo, la emisión estimulada de los átomos genera el campo lumínico, que a su vez actúa como un parámetro de orden que especifica o —en palabras de Haken— «esclaviza» el movimiento de los electrones en los átomos. El resultado es una información enormemente comprimida. La causalidad circular es típica de los procesos no lineales lejos del equilibrio (térmico). Esto contrasta con la causalidad lineal dominante en biología y psicología, como, por ejemplo, la del viejo «dogma central» de que la información fluye en un solo sentido: del ADN al ARN y de éste a las proteínas. Un segundo punto concierne a las fluctuaciones y rupturas de simetría. En nuestro ejemplo físico, ¿cómo sabe el sistema en qué sentido debe fluir el movimiento rotatorio? La respuesta es el puro azar: la simetría del movimiento en el sentido de las agujas del reloj o en sentido contrario se rompe por una fluctución o perturbación accidental. Una vez la «decisión» ha sido tomada, no hay vuelta atrás. Todos los elementos tienen que obedecerla. Esta interrelación entre azar (procesos estocásticos) y elección determina el patrón emergente. En los sistemas biológicos autoorganizados las fluctuaciones ponen a prueba la estabilidad de los estados existentes y permiten el descubrimiento de estados nuevos. Un tercer punto es que el ulterior incremento del parámetro de control puede dar lugar a una jerarquía entera de inestabilidades. Aparecen patrones de complejidad creciente. A veces el sistema entra en un estado turbulento. Los componentes tienen demasiadas opciones y el comportamiento nunca se asienta.

En resumen, la sinergética trata con ecuaciones de la forma típica siguiente:

$$\dot{q} = N(q, \text{parámetros}, \text{ruido}), \tag{1}$$

donde el punto denota la derivada con respecto al tiempo; q es un vector de estado potencialmente multidimensional que especifica el estado del sistema, y N es una función no lineal del vector de estado que puede depender de cierto número de parámetros (incluido el tiempo) así como de fuerzas aleatorias sobre el sistema. En general, cuando los parámetros de la ecuación (1) cambian de manera continua, las soluciones correspondientes también cambian de manera continua. Sin embargo, cuando el parámetro de control sobrepasa un valor crítico, el comportamiento del sistema puede cambiar de forma cualitativa o discontinua. Estos cambios cualitativos se asocian con la generación espontánea (autoorganizada) de patrones, siempre a través de una inestabilidad. Los patrones que emergen en las *transiciones de fase lejos del equilibrio* (término preferido por los físicos, porque incluye los efectos de las fluctuaciones) o *bifurcaciones* (término matemático empleado en la teoría de sistemas dinámicos) son definidos en términos de *atractores*. (Estos términos se aclararán en la sección siguiente en el contexto de la coordinación biológica.) Los estados atractivos de la dinámica de variable colectiva existen porque los sistemas fuera del equilibrio son *disipativos:* multitud de trayectorias independientes con condiciones iniciales distintas convergen hacia una cierta solución límite o atractor. A menudo es posible que un *mismo* sistema exhiba puntos fijos, ciclos límite y soluciones caóticas (además de otros comportamientos transitorios más complicados) dependiendo de los valores paramétricos. He aquí, pues, uno de los temas principales de la naturaleza para la conducción de entes vivos complejos (Kelso, 1988): una enorme complejidad material se comprime cerca de las inestabilidades (como demuestra el principio sinergético de la esclavización) dando lugar a un comportamiento de dimensión menor, descrito por variables colectivas o parámetros de orden. La dinámica resultante es no lineal, lo que genera una rica *complejidad comportamental*, incluyendo procesos estocásticos y/o caos determinista. Este cuadro proporciona una base conceptual y matemática para los principios de desorden-orden y orden-orden defendidos por Schrödinger (1944), a los que se suma el principio evolutivo «del orden al caos» de los sistemas abiertos disipativos. Estos últimos resultan estar repletos de «nueva física».

Dinámica de coordinación de los seres vivos

> No veo forma de eludir el problema de la coordinación y aún comprender la base física de la vida.
>
> H. Pattee

A pesar de, o quizá debido a, los éxitos de la moderna biología molecular, el gran problema de la biología sigue sin resolverse: cómo los entes vivos complejos se coordinan en el espacio y el tiempo. Ni la física clásica ni la cuántica (a despecho de las declaraciones de físicos como Hawking, Penrose y Weinberg) proporcionan intuición alguna sobre la coordinación funcional específica. Aunque afirmamos conocer todas las leyes del comportamiento de la materia («la física y la química ordinarias») excepto en condiciones extremas, tales leyes difícilmente nos dicen cómo o por qué caminamos por la calle. Como señaló hace años Howard Pattee (1976), la biología molecular ha resuelto el enigma de la vida. Pero la vida es algo más que la química de las reacciones celulares. El origen y la naturaleza de la *coordinación* de estas reacciones siguen siendo oscuros. Imaginemos por un momento un sistema vivo compuesto de elementos individuales que se ignorasen mutuamente y no interaccionasen ni entre ellos ni con el entorno. Un sistema así no tendría ni estructura ni función. Con independencia del nivel de descripción elegido (que es una elección personal del científico, suponiendo, como hacemos nosotros, que ningún nivel de descripción concreto tiene prioridad *ontológica* sobre cualquier otro) los grados de libertad están (al menos transitoriamente) *acoplados* o funcionalmente ligados. En el caso del cerebro, por ejemplo, las neuronas individuales no piensan, huelen, actúan o recuerdan; en lugar de eso, se diría que cooperan en grupos temporalmente coherentes para generar lo que llamamos funciones cognitivas. Las cuestiones esenciales para entender la coordinación en los entes vivos conciernen a la forma que adopta la interacción básica, cómo ocurre esto y por qué es como es.

Las presuntas soluciones a estas preguntas residen, al menos en forma primitiva, en lo que puede llamarse *dinámica de coordinación elemental* (Kelso, 1990, 1994). Por elemental se entiende una formulación matemática simple (pero no tanto como para que se pierda la esencia del problema) que, sin embargo, sirva para fundamentar la comprensión de otras cuestiones, como pueden ser el aprendizaje y la adaptación al entorno, y la relación de estos procesos con la función cerebral. Huelga decir que la dinámica de coordinación elemental hace uso de los conceptos de autoorganización y generación de patrones (Haken, 1977) como parte de una estrategia experimental motivada por la teoría, junto con las herramientas y el lenguaje de la dinámica no lineal acoplada para expresar formalmente (en versión continua o discreta) cómo se forman y modifican las pautas de coordinación.

¿Cómo podemos hallar las leyes básicas de la coordinación? Dicho de otro modo: ¿cómo hallar variables colectivas relevantes para los sistemas complejos y sus dinámicas en el nivel de observación elegido? En línea con la sinergética, las transiciones de fase (o bifurcaciones) proporcionan una vía de entrada para el desarrollo del conocimiento teórico de los entes vivos complejos, en los cuales suelen desconocerse los grados de libertad *relevantes*. La razón es que el cambio *cualitativo* permite distinguir claramente un patrón de otro, lo que hace factible la identificación de variables colectivas para diferentes pautas y dinámicas (multiestabilidad, pérdida de estabilidad, etc.). Cerca de los puntos críticos pueden desvelarse los procesos esenciales que gobiernan la estabilidad, la flexibilidad y hasta la selección de un patrón. Para dilucidar estos procesos y poner a prueba las predicciones teóricas pueden efectuarse diversas mediciones (fluctuaciones, tiempos de relajación, tiempos de residencia cerca del punto crítico, etc.; véase, p. ej., Schöner y Kelso, 1988a; Kelso, Ding y Schöner, 1992). Pueden determinarse los parámetros de *control* que promueven la inestabilidad. Las inestabilidades ofrecen un mecanismo genérico para el cambio flexible (conmutación sin conmutadores) entre pautas coordinadas, esto es, para entrar en estados coherentes y salir de ellos. Finalmente, distintos niveles de descripción (coordinado e individual) pueden relacionarse mediante un estudio de la dinámica (desacoplada) de los componentes y su acoplamiento no lineal.

Por extraño que parezca, fue en la coordinación motora humana donde se tuvo acceso primeramente a leyes de coordinación básicas (Haken, Kelso y Bunz, 1985; Schöner, Haken y Kelso, 1986) tras el descubrimiento experimental de cambios involuntarios espontáneos en las pautas motrices de las manos (Kelso, 1981, 1984) análogos, quizás, al reordenamiento espaciotemporal ligado al cambio de régimen locomotor en un cuadrúpedo que avanza cada vez más rápido (véase Shik, Severin y Orlovski, 1966). Cuando se le pide a un sujeto humano que mueva rítmicamente los dedos índices de ambas manos de manera alternativa y que vaya incrementando la frecuencia del movimiento, se observa una transición espontánea hacia una pauta simétrica, con ambos índices oscilando en fase. Si la frecuencia se reduce de nuevo no se recupera la oscilación alterna de partida. Asimismo, cuando se parte de una oscilación en fase y se incrementa la frecuencia, no se observa una transición hacia la pauta de coordinación desfasada.

Este experimento tan simple ilustra una conexión coordinativa elemental en un sistema complejo biológico, pues contiene propiedades *esencialmente no lineales* de autoorganización como son la multiestabilidad (dos estados coordinados coexisten para los mismos valores paramétricos), la transición de un estado ordenado a otro, y la histéresis, una forma primitiva de memoria.

La dinámica de coordinación más simple que encierra todos los resultados del experimento es

$$\dot{\phi} = -a\,\text{sen}\,\phi - 2b\,\text{sen}\,2\phi, \tag{2}$$

donde ϕ es la fase relativa entre los dos componentes que interactúan rítmicamente, y la razón b/a es un parámetro de control correspondiente al periodo t del ciclo, el recíproco de la frecuencia. Hay buenas razones para suponer que ϕ es el parámetro de orden relevante para la coordinación. Primero, encierra la ordenación espaciotemporal entre los componentes. Todos los demás observables están, como si dijéramos, «esclavizados» por la relación de fase. Segundo, cambia mucho más lentamente que las variables que describen el comportamiento de los componentes individuales. Tercero, ϕ cambia abruptamente en la transición. La dinámica de la ecuación (2) puede visualizarse como una partícula que se desplaza por el relieve de una función potencial, $V(\phi)$. Por lo tanto, una formulación equivalente de la ecuación (2) es

$$\dot{\phi} = -\frac{\partial V(\phi)}{\partial \phi} \quad \text{con } V(\phi) = -a\cos\phi - b\cos 2\phi. \tag{3}$$

Los relieves potenciales o «perfiles del atractor» para distintas tasas de movimiento, esto es, para distintos valores de b/a, se representan en la figura 4 (arriba).

Esta dinámica, conocida como HKB, acomoda la coordinación observada. (1) Tiene dos atractores de punto fijo estables correspondientes a $\phi = 0$ (estado de oscilación en fase) y $F = \pm\pi$ rad (estado de oscilación en fase opuesta). Para valores altos de b/a, ambos modos de coordinación coexisten (cuál se observa depende de las condiciones iniciales). Esta propiedad esencialmente no lineal se denomina *biestabilidad*. (2) A medida que b/a disminuye el punto fijo en π

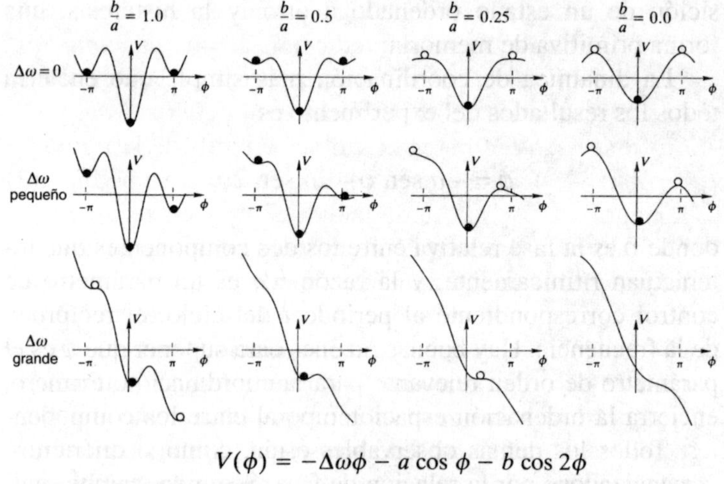

$$V(\phi) = -\Delta\omega\phi - a\cos\phi - b\cos 2\phi$$

Figura 4. El potencial HKB en función de la razón *b/a* para distintos valores de $\Delta\omega$. Los círculos negros indican atractores de punto fijo estables; los círculos blancos son puntos fijos inestables. *Arriba:* $\Delta\omega = 0$: el potencial es simétrico, con mínimos localizados inicialmente en $\phi = 0$ y $\phi = \pm\pi$ (véase texto). *Centro:* $\Delta\omega$ pequeño: el potencial es asimétrico, con mínimos ligeramente desplazados. *Abajo:* $\Delta\omega$ grande: sólo el mínimo próximo a $\phi = 0$ es inicialmente estable, para desaparecer luego también. Nótese la persistencia de «vestigios» de los puntos fijos antes estables para ciertos valores del parámetro *b/a*.

pierde estabilidad, de manera que cualquier pequeña fluctuación hace que el sistema se desvíe hacia el único punto fijo estable remanente en $\phi = 0$. Más allá de esta *transición de fase espontánea* sólo la pauta simétrica en $\phi = 0$ es estable. (3) Cuando se invierte el sentido del cambio del parámetro de control, el sistema de coordinación permanece en el atractor en fase. Esta *histéresis* se debe a que el punto fijo en $\phi = 0$ siempre es estable.

La dinámica de coordinación básica —ecuaciones (2) y (3)— ha sido objeto de diversas extensiones que sólo podemos mencionar brevemente. Éstas son algunas de ellas:

- La introducción de fuerzas estocásticas en las ecuaciones (2) y (3) ha llevado a la predicción de una *disminución crítica* y de *fluctuaciones críticas* cerca de la inestabilidad (Haken *et al.*, 1985; Schöner *et al.*, 1986). Estas predicciones son fácilmente intuibles a partir de la figura 4 (arriba). A medida que el mínimo en $\phi = \pi$ va perdiendo hondura, el sistema tarda cada vez más en recuperarse tras una perturbación. Es de esperar, por lo tanto, que el tiempo de relajación aumente cuando nos acercamos a la inestabilidad, porque la fuerza recuperadora (el gradiente del potencial) disminuye (disminución crítica). Asimismo, es de esperar que la variabilidad de ϕ aumente (fluctuaciones críticas) debido al aplanamiento del potencial cerca del punto de transición. Ambas predicciones han sido confirmadas en una amplia variedad de sistemas experimentales (véase, Buchanan y Kelso, 1993; Kelso y Scholtz, 1985; Kelso, Scholtz y Schöner, 1986; Scholtz, Kelso y Schöner, 1987; Schmidt, Carello y Turvey, 1990; Wimmers, Beek & van Wieringen, 1992).

- En la ecuación (2) se puede incorporar la influencia de parámetros *específicos*, como cuando una pauta concreta es especificada por el entorno, el aprendizaje o la intención (véase, Kelso, Scholtz y Schöner, 1988; Schöner y Kelso, 1988b; Zanone y Kelso, 1992). La ecuación (2), en la que las pautas de coordinación se forman y cambian debido a influencias paramétricas no específicas (el parámetro *b/a* simplemente desplaza el sistema a través de sus estados colectivos, pero no los prescribe), tiene la ventaja de que permite la expresión dinámica de parámetros *específicos* de diversas fuentes (en forma de «ligaduras» definidas en el mismo lenguaje que los parámetros de orden). Una ventaja conceptual es que se elimina la dualidad entre información (específica) y dinámica (intrínseca, no específica). De acuerdo con este esquema, la información es específica y tiene sentido para un sistema vivo en la medida en que contribuye a las dinámicas de parámetro de orden, atrayéndolas hacia las requeridas pautas de coordinación. El que esta perspectiva teórica pueda contribuir al «problema real» de la vida (Rosen, 1991), a saber, cómo trasladar el orden holonómico (simbólico, no dependiente del ritmo) característico de las secuencias de ADN o ARN en el orden no holonómico (dependiente del ritmo, «comportamental») manifestado por el fenotipo, es una cuestión abierta. El presente análisis sugiere una reformulación del problema. Aquí, las leyes de coordinación autoorganizada como la ecuación (2) son, en su misma raíz, estructuras *informacionales*. El parámero de orden identificado, ϕ, encierra las relaciones coherentes entre distintos tipos de cosas. A diferencia de la «física ordinaria», el parámetro de orden para la coordinación biológica es dependiente del contexto e intrínsecamente significativo para el funcionamiento del sistema. ¿Qué podría ser más significativo para un organismo que la información que especifica las relaciones coordinativas entre sus partes o entre el propio organismo y su entorno?

- La inclusión de un término de ruptura de simetría en la ecuación (2) para acomodar situaciones en las que las unidades componentes no son idénticas, como cuando los componentes desacoplados exhiben distintas frecuencias propias. Nótese que la ecuación (2) es una ley de coordinación *simétrica:* el sistema es de periodo 2π e invariante por reflexión izquierda-derecha ($\phi \rightarrow -\phi$). En la naturaleza, por supuesto, abundan las rupturas de simetría, cuyas fuentes y consecuencias biológicas son múltiples. La dinámica de coordinación expresada por la ecuación (2) puede extenderse fácilmente para incorporar rupturas de simetría sumando un término constante, $\Delta\omega$, equivalente a la diferencia de frecuencia entre los componentes desacoplados (Kelso, DelColle y Schöner, 1990). Si se ignoran las fuerzas estocásticas, la dinámica se convierte en

$$\dot{\phi} = \Delta\omega - a \operatorname{sen} \phi - 2b \operatorname{sen} 2\phi, \text{ y}$$
$$V(\phi) = - \Delta\omega\phi - a \cos \phi - b \cos 2\phi \tag{4}$$

para las ecuaciones del movimiento y del potencial, respectivamente. La figura 4 (centro, abajo) muestra la evolución del perfil del atractor para distintos valores de $\Delta\omega$. Esta extensión predice dos importantes consecuencias de la ruptura de simetría. Para valores bajos de $\Delta\omega$, los mínimos del potencial predichos ya no están en $\phi = 0$ y $\phi = \pi$, sino que están sistemáticamente trasladados. Segundo, para valores de $\Delta\omega$ lo bastante grandes ya no hay mínimos locales (los puntos fijos estables desaparecen) y la fase relativa va a la deriva. Una vez más, ambas predicciones han sido verificadas experimentalmente (Kelso *et al.*, 1990; Kelso y Jeka, 1992; Schmidt, Shaw y Turvey, 1993; véanse también contribuciones en Swinnen *et al.*, 1994).

Nótese en la figura 4 (abajo) que, aunque ya no haya coordinación en sentido estricto, quedan «vestigios» o «fantasmas» de estados coordinados. Esto se denomina *intermitencia*, y representa uno de los procesos genéricos presentes en sistemas de pocas dimensiones cerca de bifurcaciones tangenciales o de ensilladura. Como resultado de la ruptura de simetría en la dinámica de coordinación, el sistema exhibe una coordinación parcial o relativa entre sus componentes en vez de una coordinación absoluta. La coordinación relativa, como hace años señaló von Holst (1939), es «un tipo de cooperación nerviosa que hace visibles las fuerzas operativas del sistema nervioso central, que de otro modo permanecerían invisibles». El efecto se debe, por un lado, a las tendencias que *compiten* por la coordinación plena (fase y frecuencia fijas) y, por otro, a la tendencia de los componentes individuales a expresar su variación espacial y temporal intrínseca. Esto se aprecia fácilmente en la ecuación (4), donde la razón b/a representa la importancia relativa de los estados intrínsecamente atractivos en 0 y π, y $\Delta\omega$ corresponde a la diferencia de frecuencia entre los componentes. La identificación de esta forma de coordinación relativa más variable, plástica y fluida con el mecanismo dinámico de la intermitencia (Kelso, DeGuzman y Holroyd, 1991) es consistente con la conjetura emergente de que los sistemas biológicos tienden a vivir cerca de las fronteras entre los comportamientos regular e irregular (Kauffman, 1993). Ocupando la estratégica región intermitente cerca de los límites de los estados de modo fijo, los seres vivos (y el cerebro mismo, véase más adelante) se procuran la necesaria mezcla de estabilidad (hiperbólica, no asintótica) y flexibilidad para moverse entre los estados coordinados «metaestables».

- Probablemente es obvio que las ecuaciones (2) y (4) pueden elaborarse para expresar la coordinación de componentes múltiples anatómicamente distintos (véanse Collins y Stewart, 1993; Schöner, Jiang y Kelso, 1990; Jeka, Kelso y Kiemel, 1993). La investigación experimental ha identificado estos componentes individuales con osciladores no lineales que (como arquetipos del comportamiento dependiente del tiempo) son ingredientes esenciales de la dinámica de la evolución no monotónica, regular o irregular (Bergé *et al.*, 1984). Recientemente, Jirsa, Friedrich, Haken y Kelso (1994) han postulado que el acoplamiento HKB original

$$K_{12} = (\dot{X}_1 - \dot{X}_2) \{ \alpha + \beta(X_1 - X_2)^2 \}, \tag{5}$$

en el que α y β son parámetros de acoplamiento y X_1 y X_2 representan osciladores no lineales automantenidos, podría ser un acoplamiento biofísico fundamental. La razón es que la ecuación (5) es la manera más simple de acoplar componentes con la garantía de propiedades cruciales para los seres vivos: multiestabilidad, flexibilidad y transiciones entre estados coordinados. Otra razón obvia es que la dinámica de coordinación autoorganizada básica, representada por las ecuaciones (2) y (4), puede derivarse de la ecuación (5).

En resumen, las ecuaciones (5) y (4) representan formas elementales de acoplamiento y coordinación, respectivamente. La dinámica de coordinación básica contiene: *(a)* no coordinación, *(b)* coordinación absoluta (cuando dos o más componentes se sincronizan a la misma frecuencia y mantienen una relación fija) y *(c)* coordinación relativa (la *tendencia* hacia la oscilación en fase atractiva aun cuando las frecuencias de los componentes sean distintas). Todas estas formas de autoorganización se explican como patrones que emergen en distintos regímenes paramétricos de la dinámica de coordinación identificada. En el corazón de dicha dinámica reside una simetría espaciotemporal que, cuando se rompe, genera una estructura de sucesos que incluye formación de patrones, transiciones e intermitencia. Las dinámicas expresadas por las ecuaciones (2), (3) y (4) han sido verificadas experimentalmente con ejemplos de coordinación entre *(a)* componentes de un organismo, *(b)* organismos como tales y *(c)* organismos y su entorno (para una revisión véase Kelso, 1994) y proporcionan una base para ulteriores desarrollos teóricos y experimentales, uno de los cuales se trata a continuación.

Autoorganización en el cerebro

¿Es el cerebro mismo un sistema autoorganizado generador de patrones? Más específicamente, ¿existen transiciones de fase en el cerebro y, si es así, qué forma adoptan? ¿Cómo se puede aprehender la inmensa complejidad espaciotemporal del «telar mágico» de Sherrington? Para responder a estas preguntas se necesitan al menos tres cosas: un conjunto apropiado de conceptos teóricos junto con las estrategias metodológicas correspondientes, una tecnología que permita el análisis de la dinámica global del cerebro y, por último, un paradigma experimental pulcro que pode las complicaciones pero retenga los aspectos esenciales. En esta sección se revisa la investigación reciente sobre estas cuestiones (para más detalles véase Kelso *et al.*, 1991, 1992; Fuchs, Kelso y Haken, 1992; Fuchs y Kelso, 1993).

La parte experimental implica transiciones en la coordinación sensoriomotriz dentro de un paradigma introducido por Kelso, DelColle y Schöner (1990). A un sujeto expuesto a un estímulo acústico periódico se le solicita que pulse un botón entre dos tonos consecutivos de manera sincopada. Se parte de una frecuencia de 1 Hz que se incrementa en 0,25 Hz cada diez tonos, hasta un total de 8 pasos (véase también Wallenstein, Bressler, Fuchs y Kelso, 1993). A partir de una cierta frecuencia crítica el sujeto es incapaz de sincopar y pasa espontáneamente a una pauta coordinada en sincronía con el estímulo. Durante las sesiones se registra la actividad cerebral mediante una batería de 37 dispositivos superconductores de interferencia cuántica colocados sobre el córtex parietotemporal izquierdo, tal como se muestra en las figuras 5a, b y c. Este tipo de sensor permite acceder a las pautas espaciotemporales de los campos magnéticos generados por el flujo de corriente dendrítico intraneuronal. Al ser el cráneo y el cuero cabelludo transparentes a los campos magnéticos generados dentro del cerebro, y dado que la batería de sensores cubre una porción sustancial del neocórtex humano, esta nueva herramienta de investigación abre una ventana (no invasiva) a la organización espaciotemporal del cerebro y su relación con el comportamiento en tiempo real.

La figura 5d muestra los datos promediados procedentes de dos sensores antes y después de la transición comportamental de la síncopa a la sincronía. Los cuadrados blancos indican estímulos puntuales; los cuadrados negros corresponden a pulsaciones de botón. Antes de la transición, estímulo y respuesta están desfasados. Después de la transición

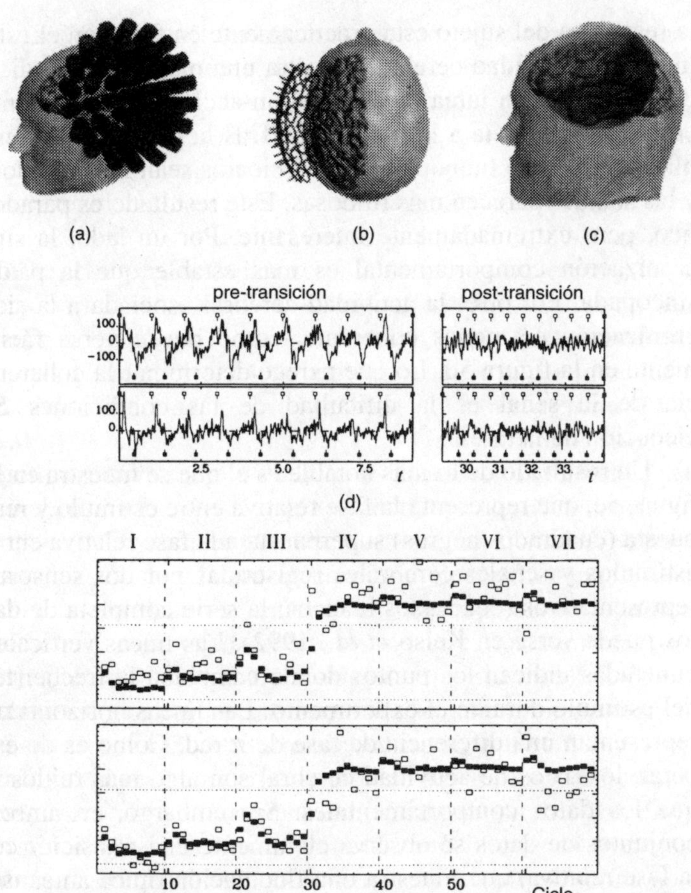

Figura 5. (a) Reconstrucción de la cabeza del sujeto y localización de los sensores de interferencia cuántica. *(b)* Construcción del modelo del córtex a partir de imágenes de resonancia magnética. Se tomaron secciones en planos coronales con un espaciado de 3,5 mm; la localización y orientación de los sensores es un dibujo superpuesto. *(c)* Ejemplo de actividad magnética detectada por los sensores de interferencia cuántica y superpuesta al modelo del córtex. *(d)* Serie temporal obtenida a partir de los registros de dos sensores antes y después de la transición. *(e)* Fase relativa superpuesta (eje *y*) calculada a la frecuencia del estímulo en cada ciclo para el comportamiento a lo largo del tiempo (cuadrados negros) y para dos de los sensores (cuadrados blancos). Véase el texto.

la respuesta del sujeto está prácticamente en fase con el estímulo. La actividad cerebral muestra una marcada periodicidad durante esta tarea de percepción-acción, especialmente en la región previa a la transición. Tras la transición la amplitud desciende (aunque los movimientos sean más rápidos) y las señales parecen más ruidosas. Este resultado es paradójico, pero extremadamente interesante. Por un lado, la sincronización comportamental es más estable que la pauta sincopada. Por otro, la actividad cerebral asociada a la sincronización es menos coherente, como puede verse fácilmente en la figura 5d. Lo que parece determinar la coherencia de la señal es la dificultad de las condiciones de ejecución de la tarea.

Un resultado de lo más notable es el que se muestra en la figura 5e, que representa la fase relativa entre estímulo y respuesta (cuadrados negros) superpuesta a la fase relativa entre estímulos y señales cerebrales registradas por dos sensores representativos (cuadrados blancos; la serie completa de datos puede verse en Kelso *et al.*, 1992). Las líneas verticales punteadas indican los puntos donde cambiaba la frecuencia del estímulo durante el experimento. Las líneas horizontales representan una diferencia de fase de π rad. Como es de esperar, los datos de actividad cerebral son algo más ruidosos que los datos comportamentales. Sin embargo, en ambos conjuntos de datos se observa claramente una transición en la fase relativa, que muestra una fluctuación típica antes del cambio, un signo obvio de la cercanía de una inestabilidad. Tanto la actividad cerebral como el comportamiento resultan más perturbados por la misma magnitud de perturbación (un incremento de 0,25 Hz) a medida que se acerca la transición, lo cual indica un retardo crítico. Cada vez cuesta más volver a la fase relativa previa a la perturbación. En otras palabras, la generación y cambio de patrones toma la forma de una inestabilidad dinámica. Es remarcable que la coherencia de las señales cerebrales y comportamentales sea expresada por el mismo parámetro de orden macroscópico, la fase relativa. Hay, como si dijéramos, un «isomorfismo paramétrico» abstracto entre los sucesos cerebrales y los comportamentales.

Para caracterizar la evolución temporal de la matriz espacial completa de 37 sensores se llevó a cabo una descomposición mediante el método de Karhunen-Loève (Friedrich, Fuchs y Haken, 1991; Fuchs, Kelso y Haken, 1992). Este procedimiento se conoce también como análisis de componentes principales o descomposición en valores singulares. La señal espaciotemporal $H(x,t)$ puede descomponerse en modos espaciales independientes del tiempo $\phi_i(x)$ más sus correspondientes amplitudes $\xi_i(t)$:

$$H(x,t) = \sum_{i=1}^{N} \xi(t)\phi_i(x). \tag{6}$$

Si se escogen apropiadamente las funciones $\phi_i(x)$, un truncamiento de esta expansión a un N pequeño (digamos $N < 5 \dots 10$) ofrece una buena aproximación del conjunto de datos original. La descomposición KL es óptima en el sentido de que minimiza el error cuadrático medio para cada punto de truncamiento. Sólo se necesitan unos cuantos modos para dar cuenta de la mayor parte de la varianza de las señales cerebrales.

La figura 6 (arriba, centro) muestra la forma espacial de las funciones obtenidas mediante la expansión KL y sus amplitudes para los dos modos dominantes, esto es, los dos valores propios mayores. En cuanto al modo superior, que abarca alrededor del 60% de la potencia de las señales, hay una marcada componente periódica a lo largo de toda la serie temporal. Sin embargo, los espectros indican que hay un cambio cualitativo entre las regiones anterior y posterior a la transición. En el régimen pretransicional la dinámica está regida por el primer modo dominante, que oscila a la frecuencia del estímulo (y la respuesta). En el punto de transición se produce un cambio, pasando a dominar el segundo modo, el cual exhibe una componente cuya frecuencia es dos veces la del estímulo (figura 6, centro).

Como ya hemos mencionado, la pauta sincopada (desfasada) deja de ser estable más allá de una cierta frecuencia crítica, y se observa un cambio espontáneo a una pauta sincronizada (en fase). Como se muestra en la figura 6 (abajo), el primer modo dominante (cuadrados negros) exhibe un claro incremento de π rad en el punto de transición. Nótese que las fases de la señal cerebral y el comportamiento sensoriomotriz son casi idénticas en la región previa a la transición, mientras que tras la transición la señal cerebral se hace más difusa aun cuando el comportamiento sensoriomotriz se hace más regular. Las oscilaciones de relajación típicas del retardo crítico son una vez más evidentes.

En resumen, aunque el cerebro posea una tremenda heterogeneidad estructural y sus dinámicas sean, en general, no estacionarias, todavía es posible (en condiciones bien definidas) demostrar su carácter generador de patrones. A partir de un estado de «reposo» incoherente, el cerebro manifiesta pautas espaciotemporales coherentes en cuanto se enfrenta con una tarea provista de significado. Como muchos de los sistemas complejos fuera del equilibrio estudiados por la sinergética, cuando cierto parámetro de control alcanza un valor crítico el cerebro experimenta cambios espontáneos en sus pautas espaciotemporales, medidas en términos de fases relativas, propiedades espectrales de los modos espaciales, etc. Cosa remarcable, estas magnitudes exhiben la signatura predicha de las inestabilidades generadoras de patrones en los sistemas autoorganizados (sinergéticos). La investigación teórica se dedica ahora a la modelización de las dinámicas observadas. También se han emprendido estudios empíricos con baterías de 64 sensores que abarcan toda la cabeza. La bella imagen de Sherrington de un telar mágico donde millones de lanzaderas centelleantes tejen un patrón nunca permanente pero siempre significativo parece estar comenzando a hacerse realidad.

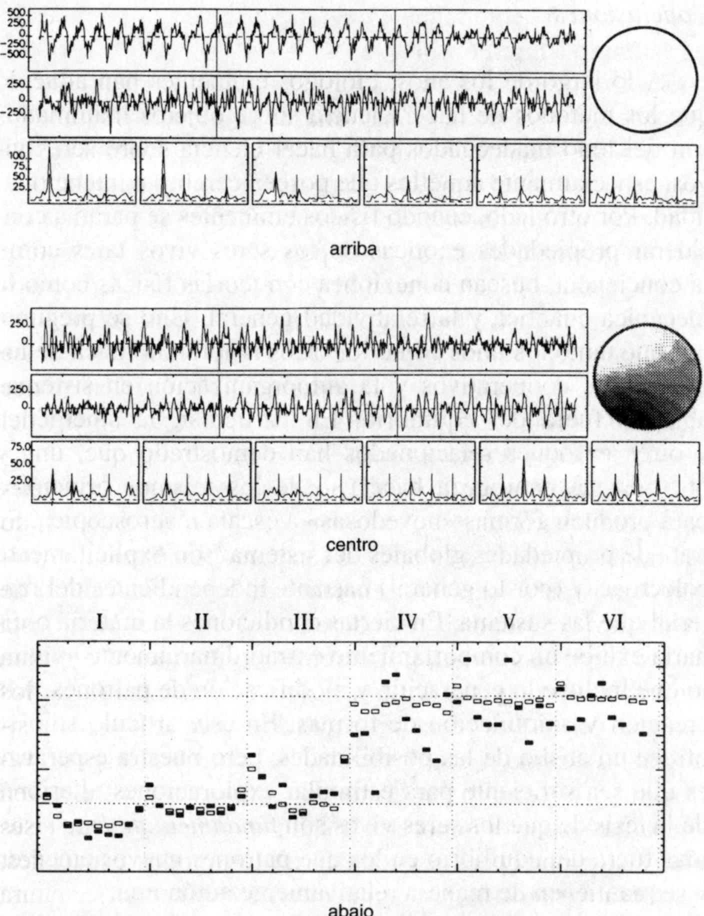

Figura 6. Dinámica de los dos primeros modos espaciales (KL) que representan el 75% de la varianza de las señales. *Arriba:* (derecha) Modo KL dominante. Amplitudes y espectros de potencias en las mesetas de frecuencia I-VI. *Centro:* (derecha) Segundo modo KL junto con los espectros de potencias y amplitudes correspondientes. *Abajo:* fase relativa del comportamiento (rectángulos blancos) y la amplitud del modo principal (rectángulos negros) con respecto al estímulo. Nótense los cambios cualitativos en los tres cuadros hacia el comienzo de la meseta IV (véase el texto).

213

Conclusiones

A lo largo de los años, biólogos eminentes han aducido que los métodos de hacer ciencia sobre objetos inanimados son del todo inadecuados para hacer ciencia sobre seres vivos, especialmente aquéllos que poseen cerebro e intencionalidad. Por otro lado, cuando físicos eminentes se paran a considerar propiedades exóticas de los seres vivos tales como la conciencia, buscan conexiones con teorías físicas como la mecánica cuántica y la relatividad general. Uno se pregunta por qué tanto los unos como los otros ignoran la física de los fenómenos cooperativos y la autoorganización en sistemas abiertos fuera del equilibrio. En particular, la sinergética y otros enfoques relacionados han demostrado que, una y otra vez, la naturaleza hace uso de los mismos principios para producir formas «novedosas» a escala macroscópica. Se trata de propiedades globales del sistema: son explícitamente colectivas y (por lo general) bastante independientes del material que las sustenta. En ciertas condiciones la materia ordinaria exhibe un comportamiento extraordinariamente «vivo», lo que incluye la generación y modificación de patrones, y la creación y aniquilación de formas. En este artículo sólo se ofrece un atisbo de las posibilidades, pero nuestra esperanza es que sea suficiente para estimular exploraciones ulteriores de la tesis de que los seres vivos son *fundamentalmente* sistemas fuera del equilibrio en los que patrones nuevos emergen y se mantienen de manera relativamente autónoma.

¿Qué es, entonces, lo que separa lo muerto de lo vivo? Schrödinger propuso ideas tales como «el principio del orden a partir del orden», «la entropía negativa como alimento de la vida» y el «sólido aperiódico». Esta última propició el desarrollo de la bioquímica y de ella nació la biología molecular, pero no produjo demasiada «nueva física». En cambio, se puede alegar que los sistemas fuera del equilibrio tienen mucho que decirnos sobre la organización de los seres vivos (y viceversa). Parte de la evidencia aquí compendiada indica que los entes vivos, cerebro humano incluido, tienden a «establecerse» en estados coordinados metaestables próximos a la inestabilidad, lo que les proporciona flexibilidad de cambio. Viviendo cerca de la criticalidad pueden anticipar el futuro y no limitarse a reaccionar ante el presente. Todo esto implica una «nueva» física de la autoorganización, en la que, dicho sea de paso, ningún nivel por separado es más o menos fundamental que cualquier otro.

Para buena parte de la corriente principal de la biología la fuente principal de la organización biológica no es la condición de sistemas abiertos de los organismos, sino el hecho de que estén controlados por un programa. Para muchos genéticos y biólogos en general, el carácter teleonómico de los organismos se debe específicamente a un *programa genético*, propiedad que comparten con las máquinas de origen humano y que los distingue de la naturaleza inanimada. De acuerdo con esta forma de ver las cosas, todo lo que necesitamos saber es que existe un programa que es el responsable causal de la intencionalidad de los seres vivos: la forma en que se originó el programa es poco relevante.

La física de la autoorganización en sistemas abiertos fuera del equilibrio ya ofrece propiedades «vitales» aun sin la presencia de un genoma. Robert Rosen (1991) ha sugerido que el comportamiento libre de los sistemas abiertos es justo la clase de cosa que los genes mendelianos pueden «forzar». Pero describir el gen, incluso conceptualmente, como un programa que envía instrucciones a las células para que se organicen minimiza la complejidad del propio gen. Cuanto más sabemos acerca del material genético, más aparece el gen como un sistema dinámico autoorganizado. Después de todo, los programas son escritos por programadores. ¿Quién o qué programa el programa genético?

Puede que algún día se desvanezca la distinción entre genotipo y fenotipo. Esta es una afirmación especulativa, pero genuinamente reduccionista. El propio Darwin, y después Lorenz, reconocieron que el comportamiento mismo emerge de acciones coordinadas que favorecen la supervivencia del individuo y por lo tanto de la especie. Aquí y en otras partes se ha demostrado que ciertas formas básicas de coordinación están sujetas a principios de autoorganización. ¿Podría entonces interpretarse la relación genotipo-fenotipo en términos de dinámicas autoorganizadas compartidas que actúan a distintas escalas temporales? Si esto es así, podemos invocar el principio sinergético de esclavización: las magnitudes que varían lentamente son los parámetros de orden que esclavizan las partes de ajuste rápido. Si se considera que el acervo genético de una especie varía poco a lo largo de la vida de un individuo (humano, animal o vegetal), entonces seguramente los genes esclavizan al individuo, lo que nos retrotrae a la tesis del gen egoísta de Dawkins (1976). ¿Pero qué ocurriría si el individuo pudiese influir sobre sus genes? Esta es ahora mismo una pregunta bastante poco ortodoxa, porque implica que Lamarck podría volver a levantar la cabeza. Otros parámetros de orden evidentes que actúan sobre nosotros son el lenguaje, la cultura, la ciencia y demás. Junto con los genes, estos parámetros de orden contribuyen a la formación de un individuo.

REFERENCIAS

Babloyantz, A., *Molecule, Dynamics and Life*, Wiley, Nueva York, 1986.
Bak, P., «Self-organized criticality and gaia», en *Thinking about Biology*, eds. W.D. Stein y F.J. Varela, Addison Wesley, Reading (Mass.), 1984, págs. 255-268.
Bergé, P., Y. Pomeau y C. Vidal, *Order whitin Caos*, Hermann, París, 1984.
Buchanan, J.J. y J.A.S. Kelso, «Posturally induced transitions in rhythmic multijoint limb movements», *Experimental Brain Research* 94 (1993), págs. 131-142.
Collet, P. y J.P. Eckmann, *Instabilities and Fronts in Extended Systems*, Princeton University Press, Princeton, 1990.

Collins J.J. y I.N. Stewart, «Coupled nonlinear oscillators and the symmetries of animal gaits», *Journal of Nonlinear Science* 3 (1993), págs. 349-392.

Crick, F.H.C., *Of Molecules and Men*, University of Washington Press, Seattle, 1966.

Dawkins, R., *The Selfish Gene*, Oxford University Press, Oxford, 1976 [trad. esp.: *El gen egoísta*, Labor, Barcelona, 1979].

Dyson, F., *Origins of Life*, Cambridge University Press, Cambridge, 1985.

Friedrich, R., A. Fuchs y H. Haken, en *Synergetics of Rhythms*, eds. H. Haken y H.P. Köpchen, Springer, Berlin, 1991.

Fuchs, A. y J.A.S. Kelso, «Pattern formation in the human brain during qualitative changes in sensorimotor coordination», *World Congress on Neural Networks 1993* 4 (1993), págs. 476-479.

Fuchs, A., J.A.S. Kelso y H. Haken, «Phase transition in the human brain: spatial mode dynamics», *International Journal of Bifurcation and Chaos* 2(4), 1992, págs. 917-939.

Haken, H., conferencia en la Universidad de Stuttgart, 1969.

Haken, H., «Cooperative phenomena in systems far from thermal equilibrium and in non-physical systems», *Reviews of Modern Physics* 47 (1975), págs. 67-121.

Haken, H., *Synergetics: An Introduction*, Springer, Berlin, 1977.

Haken, H., J.A.S. Kelso y H. Bunz, «A theoretical model of phase transitions in human hand movements», *Biological Cybernetics* 51 (1985), págs. 347-356.

Ho, M.W., *The Rainbow and the Worm*, World Scientific, Singapur, en prensa.

Iberall, A.S. y H. Soodak, «A physics for complex systems», en *Self-organizing Systems: The Emergence of Order*, ed. F.E. Yates, Plenum, Nueva York y Londres, 1987.

Jeka, J.J., J.A.S. Kelso y T. Kiemel, «Pattern switching in human multilimb coordination dynamics», *Bulletin of Mathematical Biology* 55(4), 1993, págs. 829-845.

Jirsa, V.K., R. Friedrich, H. Haken y J.A.S. Kelso, «A theoretical model of phase transitions in the human brain», *Biological Cybernetics* 71 (1994), págs. 27-35.

Kauffman, S.A., *The Origins of Order: Self Organization and Selection in Evolution*, Oxford University Press, Oxford, 1993.

Kelso, J.A.S., «On the oscillatory basis of movement», *Bulletin of the Psychonomic Society* 18 (1981), pág. 63.

Kelso, J.A.S., «Phase transitions and critical behavior in human bimanual coordination», *American Journal of Physiology: Regulatory, Integrative and Comparative Physiology* 15 (1984), págs. R1000-R1004.

Kelso, J.A.S., «Introductory remarks: Dynamic patterns», en *Dynamic Patterns in Complex Systems*, eds. J.A.S. Kelso, A.J. Mandell y M.F. Shlesinger, World Scientific, Singapur, 1988, págs. 1-5.

Kelso, J.A.S., «Phase transitions: foundations of behavior», en *Synergetics of Cognition*, ed. H. Haken, Springer, Berlín, 1990, págs. 249-268.

Kelso, J.A.S., «Elementary coordination dynamics», en *Interlimb Coordination: Neural, Dynamical and Cognitive Constants*, eds. S. Swinnen, H. Heuer, J. Massion y P. Casaer, Academic Press, Nueva York, 1994.

Kelso, J.A.S., S.L. Bressler, S. Buchanan, G.C. DeGuzman, M. Ding, A. Fuchs y T. Holroyd, «Cooperative and critical phenomena in the human brain revealed by multiple SQUIDS», en *Measuring Chaos in the Human Brain*, eds. D. Duke y W. Pritchard, World Scientific, Singapur, 1991, págs. 97-112.

Kelso, J.A.S., S.L. Bressler, S. Buchanan, G.C. DeGuzman, M. Ding, A. Fuchs y T. Holroyd, «A phase transition in human brain and behavior», *Physics Letters A* 169 (1992), págs. 134-144.

Kelso, J.A.S., G.C. DeGuzman y T. Holroyd, «The self-organized phase attractive dynamics of coordination», en *Self-organization, Emerging Properties and Learning, Series B*, vol. 260, ed. A. Babloyantz, Plenum, Nueva York, 1991, págs. 41-62.

Kelso, J.A.S., J.D. DelColle y G. Schöner, «Action-perception as a pattern formation process», en *Attention and Performance XIII*, ed. M. Jeannerod, Erlbaum, Hillsdale (NJ), 1990, págs. 139-169.

Kelso, J.A.S., M. Ding y G. Schöner, «Dynamic pattern formation: a primer», en *Principles of Organization in Organisms*, eds. A. Baskin y J. Mittenthal, Addison Wesley, Redwood City (Ca), 1992, págs. 397-439.

Kelso, J.A.S. y J.J. Jeka, «Symmetry breaking dynamics of human multilimb coordination, *Journal of Experimental Psychology: Human Perception and Performance* 18 (1992), págs. 645-668.

Kelso, J.A.S. y J.P. Scholz, «Cooperative phenomena in biological motion», en *Complex Systems: Operational Approaches in Neurobiology, Physical Systems and Computers*, ed. H. Haken, Springer, Berlín, 1985, págs. 124-149.

Kelso, J.A.S., J.P. Scholz y G. Schöner, «Non-equilibrium phase transitions in coordinated biological motion: critical fluctuations», *Physics Letters* A118 (1986), págs. 279-284.

Kelso, J.A.S., J.P. Scholz y G. Schöner, «Dynamics governs switching among patterns of coordination in biological movement», *Physics Letters* A134(1), 1988, págs. 8-12.

218

Kuramoto, Y., *Chemical Oscillations, Waves and Turbulence*, Springer, Berlín, 1984.

Maddox, J., «The dark side of molecular biology», *Nature* 363 (1993), pág. 13.

Mayr, E., *Toward a New Philosophy of Biology*, Harvard University Press, Cambridge (Mass.), 1988.

Moore, W., *Schrödinger, Life and Thought*, Cambridge University Press, Cambridge, 1989.

Nicolis, G. y I. Prigogine, *Exploring Complexity: An Introduction*, Freeman, San Francisco, 1989.

Pattee, H.H., «Physical theories of biological coordination», en *Topics in the Philosophy of Biology*, vol. 27, eds. M. Grene y E. Mendelsohn, Reidel, Boston, 1976, págs. 153-173.

Rosen, R., *Life Itself*, Columbia University Press, Nueva York, 1991.

Schmidt, R.C., C. Carello y M.T. Turvey, «Phase transitions and critical fluctuations in the visual coordination of rhythmic movements between people», *Journal of Experimental Psychology: Human Perception and Performance* 16(2), 1990, págs. 227-247.

Schmidt, R.C., B.K. Shaw y M.T. Turvey, «Coupling dynamics in interlimb coordination», *Journal of Experimental Psychology: Human Perception and Performance* 19, 1993, págs. 397-415.

Scholz, J.P., J.A.S. Kelso y G. Schöner, «Non-equilibrium phase transitions in coordinated biological motion: critical slowing down and switching time», *Physics Letters* A123 (1987), págs. 390-394.

Schöner, G., H. Haken y J.A.S. Kelso, «A stochastic theory of phase transitions in human hand movement», *Biological Cybernetics* 53 (1986), págs. 442-452.

Schöner, G., W.Y. Jiang y J.A.S. Kelso, «A synergetic theory of quadrupedal gaits and gait transitions», *Journal of Theoretical Biology* 142(3), 1990, págs. 359-393.

Schöner, G. y J.A.S. Kelso, «Dynamic pattern generation in behavioral and neural systems», *Science* 239 (1988a), págs. 1513-1520.

Schöner, G., y J.A.S. Kelso, «A synergetic theory of environmentally-specified and learned patterns of movement coordination. II. Component oscillator dynamics», *Biological Cybernetics* 58 (1988b), págs. 81-89.

Schrödinger, E., *What is Life?*, Cambridge University Press, Cambridge, 1944 [trad. esp.: *¿Qué es la vida?*, Tusquets Editores (Metatemas 1), Barcelona, 1983].

Shik, M.L., F.V. Severin y G.N. Orlovskii, «Control of walking and running by means of electrical stimulation», *Biophysics* 11 (1966), pág. 1011.

Swinnen, S., H. Heuer, J. Massion y P. Casaer (eds.), *Interlimb Coordination: Neural, Dynamical and Cognitive Constants*, Academic Press, Nueva York, 1994.

Von Holst, E. (1939), «Relative coordination as a phenomenon and as a method of analysis of central nervous function», en *The Collected Papers of Erich von Holst*, ed. R. Martin, Universidad de Miami, Coral Gables (Fl.), 1973, págs. 33-135.

Wallenstein, G.V., S.L. Bressler, A. Fuchs y J.A.S. Kelso, «Spatiotemporal dynamics of phase transitions in the human brain», en *Society for Neuroscience Abstracts*, vol. 19, Society for Neuroscience, Washington DC, 1993, pág. 1606.

Wimmers, R.H., P.J. Beek y P.C.W. van Wieringen, «Phase transitions in rhythmic tracking movements: A case of unilateral coupling», *Human Movement Science* 11 (1992), págs. 217-226.

Wolpert, L., *The Triumph of the Embryo*, Oxford University Press, Oxford, 1991.

Wunderlin, A., «On the slaving principle», *Springer Proceedings in Physics* 19 (1987), págs. 140-147.

Zanone, P.G. y J.A.S. Kelso, «Evolution of behavioural attractors with learning: nonequilibrium phase transitions», *Journal of Experimental Psychology: Human Perception and Performance* 18/2 (1992), págs. 403-421.

12
Orden a partir del desorden: la termodinámica de la complejidad en biología

Eric D. Schneider y James J. Kay

Introducción

A mediados del siglo XIX surgieron dos grandes teorías científicas sobre la evolución de los sistemas naturales en el tiempo. La termodinámica, refinada por Boltzmann, contemplaba una naturaleza en constante degradación hacia una muerte en forma de desorden aleatorio. Esta visión pesimista de la evolución de los sistemas naturales, inspirada por la segunda ley de la termodinámica, contrasta con el paradigma, asociado con Darwin, de unos sistemas biológicos crecientemente complejos, especializados y organizados a lo largo del tiempo. La fenomenología de muchos sistemas naturales demuestra que buena parte del mundo está habitada por estructuras coherentes fuera del equilibrio termodinámico, como son las células de convección, las reacciones químicas autocatalíticas y la vida misma. Los sistemas vivos exhiben un alejamiento del desorden y el equilibrio que se traduce en estructuras altamente organizadas.

Este dilema fue una de las motivaciones de *¿Qué es la vida?*, el influyente libro de Erwin Schrödinger en el que intentó agrupar los procesos fundamentales de la biología, la física y la química. Schrödinger hizo notar que la vida comprendía dos procesos fundamentales: el *orden a partir del orden* y el *orden a partir del desorden* (Schrödinger, 1944). Observó que el gen generaba orden a partir del orden dentro de una especie, esto es, la progenie heredaba los rasgos de los progenitores. Al cabo de una década, Watson y Crick

(1953) proporcionaron a la biología un programa de investigación que ha conducido a algunos de los hallazgos más importantes de los últimos cincuenta años.

La otra observación de Schrödinger, el orden a partir del desorden, aunque igualmente importante, fue peor comprendida. Esta premisa era un intento de ligar la biología con los teoremas fundamentales de la termodinámica (Schneider, 1987). Schrödinger hizo notar que los sistemas vivos parecen desafiar la segunda ley de la termodinámica, la cual insiste en que la entropía de un sistema cerrado debería maximizarse. Los sistemas vivos, sin embargo, son la antítesis de esta ley, pues exhiben maravillosos niveles de orden creado a partir del desorden. Las plantas, por ejemplo, son estructuras altamente ordenadas sintetizadas a partir de átomos y moléculas desordenados provenientes de la atmósfera y el suelo.

Schrödinger resolvió este dilema apelando a la termodinámica del no equilibrio. Reconoció que los sistemas vivos existen en un mundo de flujos energéticos y materiales. Un organismo se mantiene vivo en su estado altamente organizado tomando energía de alta calidad del exterior y procesándola para producir un estado interno más organizado. La vida es un sistema lejos del equilibrio que mantiene su nivel local de organización a expensas del reservorio de entropía global. Schrödinger propuso que el estudio de los sistemas vivos desde la perspectiva del no equilibrio reconciliaría la autoorganización biológica con la termodinámica. Es más, esperaba que dicho estudio reportase nuevos principios físicos.

Este artículo examina el programa de investigación del orden a partir del desorden propuesto por Schrödinger y amplía su visión termodinámica de la vida. Explicaremos que la segunda ley de la termodinámica no es un impedimento para la comprensión de la vida, sino que es necesaria para una descripción completa de los procesos vivos. Ampliaremos la termodinámica para incluir la causalidad del proceso vivo y mostraremos que la segunda ley potencia los procesos de autoorganización y determina la dirección de muchos de los procesos observados en el desarrollo de los sistemas vivos.

Preliminares termodinámicos

La termodinámica se aplica a todos los sistemas de trabajo y energía, incluyendo los sistemas de temperatura-volumen-presión clásicos, los sistemas cinéticos químicos y los sistemas electromagnéticos y cuánticos. Puede considerarse que la termodinámica aborda el comportamiento de los sistemas en tres situaciones distintas: *(1)* equilibrio (termodinámica clásica) como, por ejemplo, la acción de números grandes de moléculas en un sistema cerrado; *(2)* sistemas que están a cierta distancia del equilibrio y tienden a volver a él, como dos frascos conectados por una llave de paso, uno de los cuales contiene más moléculas de gas que el otro; al abrir la llave de paso el sistema se sitúa en su estado de equilibrio con igual número de moléculas en ambos frascos, y *(3)* sistemas que se mantienen a cierta distancia del equilibrio por causa de algún gradiente, como es el caso de dos frascos conectados con un gradiente de presión que obliga a que haya más moléculas en un frasco que en el otro.

El concepto de *exergía* es capital para nuestra discusión del orden a partir del desorden. La calidad de la energía, o su capacidad para producir trabajo útil, varía. Durante cualquier proceso químico o físico la capacidad de la energía para producir trabajo se pierde irremisiblemente. La exergía es una medida de la capacidad máxima de un sistema energético para producir trabajo útil a medida que procede a equilibrarse con su entorno (Brzustowski y Golem, 1978; Ahern, 1980).

La primera ley de la termodinámica surgió de los esfuerzos para comprender la relación entre calor y trabajo. La primera ley dice que la energía no se crea ni se destruye, y que la energía total dentro de un sistema aislado permanece invariable. Sin embargo, la calidad de la energía (es decir, el contenido de exergía) puede variar. La segunda ley de la termodinámica establece que, si en el sistema tiene lugar cualquier tipo de proceso, la calidad de la energía (la exergía) dentro del sistema tiene que degradarse. La segunda ley puede formularse también en términos de entropía, la medida cuantitativa de la irreversibilidad, cuyo incremento es siempre mayor que cero en cualquier proceso real. La segunda ley también puede enunciarse así: cualquier proceso real sólo puede proceder en una dirección que conduce a un incremento de entropía.

En 1908 la termodinámica avanzó un paso más gracias a la obra de Carathéodory (Kestin, 1976), quien demostró que la ley del «incremento de entropía» no era el enunciado más general de la segunda ley. El enunciado de Carathéodory reza así: «En la vecindad de cualquier estado de cualquier sistema cerrado existen estados inaccesibles a través de cualquier trayectoria adiabática reversible o irreversible». A diferencia de los enunciados anteriores, éste no depende de la naturaleza del sistema, ni de los conceptos de entropía o temperatura.

Más recientemente, Hatsopoulos y Keenan (1965) y Kestin (1968) han subsumido las leyes cero, primera y segunda en un Principio Unificado de la Termodinámica: «Cuando en un sistema aislado tiene lugar un proceso tras la eliminación de una serie de restricciones internas, el sistema alcanzará un estado único de equilibrio: este estado de equilibrio es independiente del orden en que se eliminan las restricciones». Este enunciado describe el comportamiento de la segunda clase de sistemas: los que están a cierta distancia del equilibrio pero no obligados a permanecer en un estado de no equilibrio. Su importancia es que dicta una dirección y un estado final para todo proceso real. Este enunciado nos dice que el sistema alcanzará el equilibrio que permitan las restricciones.

Sistemas disipativos

Los principios antes reseñados se aplican a sistemas aislados. Hay, sin embargo, una tercera clase de fenómenos propios de los sistemas abiertos a flujos de energía y/o materia, los cuales residen en estados cuasiestables a cierta distancia del equilibrio (Nicolis y Prigogine, 1977, 1989). Los sistemas organizados no vivos (como las celulas de convección, los tornados y los láseres) y los sistemas vivos (de las células a los ecosistemas) dependen de flujos de energía externa para mantener su organización y para la disipación de gradientes energéticos asociada a los procesos autoorganizativos. Esta organización se mantiene al precio de un incremento de la entropía del sistema «global» en el que está inmersa la estructura. En estos sistemas disipativos el cambio de entropía total es la suma de la producción interna de entropía (que siempre es positiva o nula) más el intercambio de entropía con el entorno, que puede ser positivo, negativo o cero. Para que el sistema se mantenga en un estado estacionario de no equilibrio el intercambio de entropía debe ser negativo e igual a la entropía producida por procesos internos tales como el metabolismo.

Las estructuras disipativas que son estables para un rango finito de condiciones se representan mejor mediante ciclos autocatalíticos de retroacción positiva. Células de convección, huracanes, reacciones químicas autocatalíticas y sistemas vivos son ejemplos de estructuras disipativas lejos del equilibrio que exhiben un comportamiento coherente.

La transición en un fluido calentado de la conducción a la convección (células de Bénard) es un llamativo ejemplo de la emergencia de una organización coherente en respuesta a una entrada de energía externa (Chandrasekhar, 1961). En el experimento de Bénard se calienta la superficie inferior de un fluido mientras la superficie superior se mantiene más fría. El calor fluye inicialmente a través del sistema mediante la interacción molécula a molécula. Cuando el flujo de calor alcanza un valor crítico el sistema se vuelve inestable; la acción molecular del fluido adquiere coherencia y surge un movimiento convectivo que crea patrones superficiales hexagonales altamente estructurados (células de Bénard). Estas estructuras incrementan la tasa de transferencia de calor y de destrucción del gradiente de temperatura en el sistema. La transición hacia una estructura coherente es la respuesta del sistema a los intentos de desplazarlo del equilibrio (Schneider y Kay, 1994). Esta transición de una transferencia de calor no coherente molécula a molécula a una estructura coherente se traduce en el comportamiento altamente organizado de colectivos del orden de 10^{22} moléculas. Este hecho en apariencia improbable es el resultado directo del gradiente de temperatura aplicado y la dinámica del sistema a mano, y es la respuesta del sistema a los intentos de desplazarlo del equilibrio.

Para tratar esta clase de sistemas fuera del equilibrio proponemos un corolario del Principio Unificado de la Termodinámica de Kestin. Su demostración establece que el estado de equilibrio de un sistema es estable en el sentido de Lyapunov. Esta conclusión implica de manera implícita que el sistema se resistirá a abandonar el estado de equilibrio. El grado de desplazamiento del equilibrio se mide por los gradientes impuestos sobre el sistema.

Si un sistema es desplazado del equilibrio utilizará todas las vías disponibles para contrarrestar los gradientes aplicados. Conforme se incrementan estos gradientes, se incrementa también la capacidad del sistema para oponerse a un alejamiento ulterior del equilibrio.

Nos referiremos a este enunciado como la «segunda ley reformulada», y a los enunciados anteriores a Carathéodory como la segunda ley clásica. El principio de Le Chatelier en química es un ejemplo de la segunda ley reformulada.

Los sistemas termodinámicos que exhiben equilibrio térmico, barométrico y químico se resisten a abandonar estos estados de equilibrio. Cuando son desplazados de su estado

226

de equilibrio se sitúan en un estado estacionario que se opone a los gradientes aplicados e intenta que el sistema regrese a su atractor de equilibrio. Cuanto mayor es el gradiente aplicado mayor es el efecto del atractor de equilibrio sobre el sistema. Cuanto más se desplaza un sistema del equilibrio, más sofisticados son sus mecanismos para resistir un desplazamiento ulterior. Si las condiciones dinámicas y/o cinéticas lo permiten, surgirán procesos de autoorganización que contribuyen a la disipación de gradientes. Este comportamiento es ilógico desde el punto de vista clásico, pero es lo que cabe esperar de acuerdo con la segunda ley reformulada. La emergencia de estructuras coherentes autoorganizadas deja de ser una sorpresa para convertirse en la respuesta esperable de un sistema que intenta resistir y disipar gradientes aplicados externamente que alejarían al sistema del equilibrio. En la formación de estructuras disipativas tenemos, por lo tanto, *orden que emerge del desorden.*

Hasta aquí nuestra discusión se ha centrado en sistemas físicos simples y en la forma en que los gradientes termodinámicos impulsan la autoorganización. Los gradientes químicos también dan lugar a reacciones autocatalíticas disipativas, de las que son ejemplos algunos sistemas químicos inorgánicos simples, la síntesis de proteínas o las reacciones autocatalíticas de fosforilación, polimerización e hidrólisis. Los sistemas de reacciones autocatalíticas son un tipo de retroacción positiva donde la actividad del sistema o reacción se amplifica en la forma de reacciones autosostenidas. La autocatálisis estimula la actividad de agregación del ciclo entero. Dicha actividad autocatalítica autosostenida es también autoorganizadora, y contribuye de manera importante a incrementar la capacidad disipativa del sistema.

La concepción de los sistemas disipativos como disipadores de gradientes es aplicable a los sistemas físicos y químicos fuera del equilibrio y describe los procesos de emergencia y desarrollo de sistemas complejos. Estos procesos no sólo son consistentes con la segunda ley reformulada, sino que debería esperarse que tales sistemas emerjan siempre que las condiciones lo permitan y haya gradientes presentes. La idea de Schrödinger del orden a partir del desorden se refiere a la emergencia de estos sistemas disipativos, un fenómeno que se observa en las tres clases consideradas de sistemas termodinámicos.

Los sistemas vivos como disipadores de gradientes

Boltzmann reconoció la contradicción aparente entre la muerte térmica del universo y la existencia de sistemas vivos que crecen, adquieren complejidad y evolucionan. Entrevió que el gradiente de energía solar impulsa los procesos de la vida, y sugirió una competencia seudodarwiniana por la entropía en los sistemas vivos:

«La lucha generalizada de los seres animados por la existencia no es una lucha por las materias primas (que para los organismos son el aire, el agua y el suelo, todo ello disponible en abundancia) ni por la energía, que cualquier cuerpo contiene de sobras en forma de calor (no transformable, por desgracia), sino una lucha por la entropía, que se hace accesible a través de la transición de energía del Sol caliente a la Tierra fría» (Boltzmann, 1886).

Las ideas de Boltzmann fueron luego exploradas por Schrödinger, quien observó que ciertos sistemas, en particular los vivos, parecían desafiar la segunda ley de la termodinámica clásica (Schrödinger, 1944). Sin embargo, reconoció que los sistemas vivos no son las cajas cerradas adiabáticas de la termodinámica clásica, sino sistemas abiertos. Un organismo se mantiene vivo en su estado altamente organizado a base de importar energía externa de alta calidad y degradarla para sostener la estructura organizativa del sistema. O como dijo Schrödinger, la única forma de que un sistema vivo se mantenga vivo, lejos del estado inerte de máxima entropía, es

«extrayendo continuamente entropía negativa de su medio ambiente ... Por consiguiente, el mecanismo por el cual un organismo se mantiene a sí mismo a un nivel bastante elevado de orden (= un nivel bastante bajo de entropía) consiste realmente en absorber continuamente orden de su medio ambiente ... el suministro más importante de «entropía negativa» de las plantas es, evidentemente, la luz solar» (Schrödinger, 1944).

La vida puede contemplarse como una estructura disipativa lejos del equilibrio que mantiene su nivel de organización local a expensas de producir entropía en el entorno.

Si contemplamos la Tierra como un sistema termodinámico abierto con un intenso gradiente impuesto por el Sol, la segunda ley reformulada sugiere que el sistema reducirá este gradiente echando mano de todos los procesos físicos y químicos a su alcance. Nosotros sugerimos que la vida en la Tierra es una forma más de disipar el gradiente solar inducido y, como tal, una manifestación de la segunda ley reformulada. Los sistemas vivos son sistemas disipativos lejos del equilibrio con un gran potencial para reducir gradientes de radiación planetarios (Kay, 1984; Ulanowicz y Hannon, 1987).

El origen de la vida es el desarrollo de otra ruta para la disipación de gradientes de energía inducidos. La vida asegura la continuación de estas vías disipativas, y ha desarrollado estrategias para mantenerlas frente a un entorno físico fluctuante. Nosotros sugerimos que los sistemas vivos son sistemas dinámicos disipativos con memorias codificadas —los genes— que permiten la continuación de los procesos disipativos.

Hemos argumentado que la vida es una respuesta al imperativo termodinámico de la disipación de gradientes (Kay,

1984; Schneider, 1988). El crecimiento biológico se da cuando el sistema adiciona vías disipativas de tipos ya existentes. El desarrollo biológico, en cambio, se da cuando en el sistema surgen vías disipativas nuevas. Este principio proporciona un criterio para evaluar el crecimiento y desarrollo de los sistemas vivos.

El crecimiento vegetal es un intento de captar energía solar y disipar gradientes aprovechables. Las plantas de muchas especies se disponen en conjuntos que incrementan la superficie foliar para optimizar la captura y degradación de energía. Los balances energéticos de las plantas terrestres muestran que la inmensa mayoría de su energía se destina a la evapotranspiración, con 200-500 gramos de agua transpirada por gramo de material fotosintético fijado. Este mecanismo es un proceso de degradación de energía muy efectivo, con un gasto de 2500 joules por gramo de agua transpirado (Gates, 1962). La evapotranspiración es la principal vía disipativa en los ecosistemas terrestres.

La distribución geográfica a gran escala de la riqueza de especies está fuertemente correlacionada con la evapotranspiración anual potencial (Currie, 1991). Esta estrecha relación entre riqueza de especies y exergía disponible sugiere un vínculo causal entre biodiversidad y procesos disipativos. Cuanta más exergía hay disponible para repartir entre las especies, más vías disponibles hay para la degradación de energía. Los niveles tróficos y cadenas alimentarias se basan en el material fotosintético fijado y la disipación ulterior de esos gradientes a través de la creación de más estructuras altamente ordenadas. Así, podemos esperar una mayor diversidad de especies allí donde haya más exergía disponible. La diversidad de especies y el número de niveles tróficos son mucho mayores en el ecuador, donde inciden 5/6 de la radiación solar que llega a la Tierra y hay más de un gradiente que reducir.

Un análisis termodinámico de los ecosistemas

Los ecosistemas son los componentes biótico, físico y químico de la naturaleza actuando juntos como procesos disipativos fuera del equilibrio. De acuerdo con la segunda ley reformulada, el desarrollo de ecosistemas debería incrementar la degradación de energía. Esta hipótesis puede contrastarse observando la energética del desarrollo de un ecosistema durante el proceso de la sucesión o en condiciones de estrés.

A medida que los ecosistemas se desarrollan o maduran debería incrementarse su disipación total y deberían desarrollarse estructuras más complejas con mayor diversidad y más niveles jerárquicos que contribuyan a la degradación energética (Schneider, 1988; Kay y Schneider, 1992). Las especies exitosas son aquéllas que canalizan energía para la producción y reproducción propias y contribuyen a los procesos autocatalíticos incrementando la disipación total del ecosistema.

Lotka (1922) y Odum y Pinkerton (1955) han sugerido que los sistemas biológicos que sobreviven son aquéllos que desarrollan la máxima potencia de entrada y la usan mejor para sus necesidades de supervivencia. Una descripción mejor de estas «leyes potenciales» puede ser que los sistemas biológicos se desarrollan de manera que incrementan su tasa de degradación de energía, y que el crecimiento biológico, el desarrollo ecosistémico y la evolución representan el desarrollo de nuevas vías disipativas. En otras palabras, los ecosistemas se desarrollan de manera que se incrementa la cantidad de energía captada y utilizada. En consecuencia, a medida que los ecosistemas se desarrollan la exergía de la energía saliente decrece. Es en este sentido en el que se puede decir que los ecosistemas desarrollan la máxima potencia, esto es, hacen un uso óptimo de la exergía contenida en la energía de entrada a la vez que incrementan la cantidad de energía que captan.

Esta teoría sugiere que el estrés desorganizador será causa de la regresión de los ecosistemas a configuraciones con menor potencial de degradación de energía. Los ecosistemas estresados a menudo semejan fases más tempranas de la sucesión ecológica y residen más cerca del equilibrio termodinámico.

Los ecólogos han construido modelos analíticos que permiten el análisis de los flujos de materia y energía a través de los ecosistemas (Kay, Graham y Ulanowicz, 1989). Con estos métodos es posible detallar cómo se distribuye la energía en el ecosistema. Recientemente hemos analizado un conjunto de datos de flujos de carbono y energía en dos ecosistemas de marisma adyacentes a una central nuclear en la región de Crystal River, Florida (Ulanowicz, 1986). Los ecosistemas en cuestión eran una marisma «estresada» y una marisma «control». El ecosistema «estresado» está expuesto a la efluencia de agua caliente procedente de la central. Por lo demás, las condiciones ambientales son las mismas que las del ecosistema «control». En el ecosistema estresado se observa una disminución general de las magnitudes de los flujos. La implicación es que el estrés se ha traducido en una reducción del ecosistema en términos de biomasa, consumo de recursos, reciclado material y energético, y capacidad para degradar y disipar la energía entrante.

El impacto general de la emisión de agua caliente por la central nuclear ha sido una disminución de tamaño y del consumo de recursos del ecosistema estresado, junto con una reducción de su capacidad para retener los recursos incorporados. Este análisis sugiere que la función y estructura de los ecosistemas sigue la pauta de desarrollo predicha por el comportamiento de las estructuras termodinámicas de no equilibrio cuando se aplica a la sucesión ecológica.

La energética de los ecosistemas terrestres proporciona otro contraste de la tesis de que el desarrollo de los ecosistemas obedece a una degradación más efectiva de la energía. Las estructuras disipativas más desarrolladas deberían degradar más energía. Es de esperar, pues, que un ecosistema maduro degrade el contenido de exergía de la energía que capta de forma más completa que un ecosistema más joven. La pérdida de exergía a través de un ecosistema se relaciona con la diferencia en cuanto a temperatura de cuerpo negro entre la energía solar captada y la energía irradiada de nuevo por el ecosistema. Si un grupo de ecosistemas recibe la misma energía incidente, es de esperar que el ecosistema más maduro sea el que irradie su energía a un nivel exergético más bajo; en otras palabras, el ecosistema más maduro sería también el que tendría una temperatura de cuerpo negro más baja.

Luvall y Holbo (1989, 1991) han medido las temperaturas superficiales de diversos ecosistemas empleando un escáner multiespectral infrarrojo. Sus datos muestran una tendencia inconfundible: cuando las demás variables son constantes, cuanto más desarrollado está el ecosistema más fría es su temperatura superficial y más degradada está la energía devuelta al entorno.

Las mediciones efectuadas sobre un bosque de coníferas al oeste de Oregón demostraron que la temperatura superficial varía con la madurez y el tipo de ecosistema. Las temperaturas más altas se registraron en un claro del bosque y sobre una cantera. El enclave más frío, con una temperatura de 299K (unos 26K más frío que el claro), era un bosque maduro de abetos de Douglas de 400 años de edad con una cubierta foliar de tres niveles. Mientras que la cantera degradaba el 62% de la radiación incidente neta, el bosque maduro degradaba el 90%. Los enclaves de edad intermedia se situaban entre estos dos extremos, con una degradación energética mayor cuanto más maduro o menos perturbado era el ecosistema. Estos datos únicos indican que los ecosistemas desarrollan estructuras y funciones que degradan de manera más efectiva los gradientes de energía impuestos (Schneider y Kay, 1994).

Nuestro estudio de la energética de los ecosistemas los trata como sistemas abiertos con un bombeo de energía de alta calidad. Este bombeo de energía de alta calidad puede desplazar al sistema del equilibrio termodinámico. Pero la naturaleza se resiste a abandonar el equilibrio. Como sistemas abiertos que son, los ecosistemas responden en la medida de lo posible con la emergencia espontánea de un comportamiento organizado que consume la energía de alta calidad en la construcción y mantenimiento de la estructura recién surgida, lo cual disipa la capacidad de la energía de alta calidad para alejar al sistema del equilibrio termodinámico. Este proceso de autoorganización se caracteriza por cambios abruptos asociados a la emergencia de un nuevo conjunto de interacciones y actividades dentro del sistema. Esta emergencia de comportamientos organizados, la esencia de la vida, es hoy esperable en el marco de la termodinámica. A medida que se bombea más energía de alta calidad en un ecosistema, más organización surge para disipar la energía. Tenemos aquí, pues, un *orden* que emerge del *desorden* al servicio de la producción de más desorden.

Orden a partir del desorden y orden a partir del orden

Los sistemas complejos pueden clasificarse dentro de un continuo que va desde la complejidad ordinaria (sistemas de Prigogine, tornados, células de Bénard, reacciones autocatalíticas) hasta la complejidad emergente, con la posible inclusión de los sistemas socioeconómicos humanos. Los sistemas vivos constituyen el extremo más sofisticado de este continuo. Los sistemas vivos deben funcionar en el contexto de sistema y entorno del que forman parte; si un sistema vivo no respeta las circunstancias del supersistema del que forma parte, será seleccionado negativamente. El supersistema impone un conjunto de restricciones de comportamiento, y los sistemas vivos evolutivamente exitosos son los que han aprendido a vivir con ellas. Cuando se genera un nuevo sistema vivo tras la extinción de uno preexistente, el proceso de autoorganización se hará más eficiente si la variación se restringe a aquella que tiene una alta probabilidad de éxito. Este papel restrictivo del proceso de autoorganización es desempeñado por los genes. Los genes son un registro de autoorganización exitosa. El mecanismo del desarrollo no son los genes, sino la autoorganización. Los genes acotan y constriñen el proceso autoorganizativo. A niveles jerárquicos superiores actúan otros mecanismos. La capacidad de regeneración de un ecosistema es una función de las especies disponibles.

Dado que los sistemas vivos describen un ciclo constante de nacimiento-desarrollo-regeneración-muerte, preservar información sobre lo que funciona y lo que no es crucial para la continuación de la vida (Kay, 1984). Este es el papel del gen y, a mayor escala, de la biodiversidad: constituir bases de datos sobre estrategias autoorganizativas que funcionan. Esta es la conexión entre los temas del orden a partir del orden y del orden a partir del desorden de Schrödinger. La vida surge porque la termodinámica dicta la generación de orden a partir del desorden allí donde haya gradientes termodinámicos suficientes y se den las condiciones adecuadas. Pero para que la vida continúe, las mismas leyes requieren que sea capaz de regenerarse, esto es, de crear orden a partir del orden. La vida no puede existir sin ambos procesos, el *orden a partir del desorden para generar vida* y el *orden a partir del orden para asegurar la persistencia de la vida.*

La vida representa un equilibrio entre los imperativos de supervivencia y degradación energética. Citando a Blum (1968):

«Me gusta comparar la evolución con la confección de un gran tapiz. La urdimbre inflexible de este tapiz está formada por la naturaleza esencial de la materia inerte elemental y la aglomeración de esta materia durante la evolución de nuestro planeta. En la construcción de esta urdimbre la segunda ley de la termodinámica ha tenido un papel protagonista. Me gusta pensar que la trama abigarrada que forma los detalles del tapiz ha sido tejida sobre la urdimbre principalmente por mutación y selección natural. La urdimbre establece las dimensiones y soporta el conjunto; la trama, en cambio, es lo que más interesa al sentido estético del estudioso de la evolución orgánica, al mostrar de la forma que lo hace la belleza y variedad de la adaptación de los organismos a su entorno. Ahora bien, ¿por qué prestamos tan poca atención a la urdimbre, siendo como es una parte básica de la estructura entera? Quizá la analogía sería más completa si se introdujera algo que ocasionalmente se ve en los tejidos: la participación activa de la urdimbre en el patrón mismo. Sólo entonces, pienso, puede uno entrever el significado pleno de la analogía».

Hemos querido mostrar la participación de la urdimbre en la confección del tapiz de la vida. Volviendo a Schrödinger, la vida comprende dos procesos: orden a partir del orden y orden a partir del desorden. Los trabajos de Watson y Crick y otros sirvieron para describir el gen y resolver el misterio del orden a partir del orden. La presente contribución respalda la premisa de Schrödinger del orden a partir del desorden y conecta mejor la biología macroscópica con la física.

REFERENCIAS

Ahern, J.E., *The Exergy Method of Energy Systems Analysis*, Wiley, Nueva York, 1980.

Blum, H.G., *Time's Arrow and Evolution*, Princeton University Press, Princeton, 1968.

Boltzmann, L., «The second law of thermodynamics» (1886), reimpreso en *Ludwig Boltzmann, Theoretical Physics and Philosophical Problems*, ed. B. McGuinness, D. Reidel, Nueva York, 1974.

Brzustowski, T.A. y P.J. Golem, «Second law analysis of energy processes. Part I: Exergy — an introduction», *Transactions of the*

Canadian Society of Mechanical Engineers 4(4), 1978, págs. 209-218.

Chandrasekar, S., *Hydrodynamics and Hydromagnetic Stability*, Oxford University Press, Londres, 1961.

Currie, D., «Energy and large-scale patterns of animal-and-plant species-richness», *American Naturalist* 137 (1991), págs. 27-48.

Gates, D., *Energy Exchange in the Biosphere*, Harper & Row, Nueva York, 1962.

Hatsopoulos, G. y J. Keenan, *Principles of General Thermodynamics*, Wiley, Nueva York, 1965.

Kay, J.J., «Self-Organization in Living Systems», tesis doctoral, Systems Design Engineering, Universidad de Waterloo, Ontario, 1984.

Kay, J.J., L. Graham y R.E. Ulanowicz, «A detailed guide to network analysis», en *Network Analysis in Marine Ecosystems*, eds. F. Wulff, J.G. Field y K.H. Mann, Coastal and Estuarine Studies, vol. 32, Springer Verlag, Nueva York, 1989, págs. 16-61.

Kay, J. y E. Schneider, «Thermodynamics and measures of ecosystem integrity», en *Ecological Indicators*, eds. D. McKenzie, D. Hyatt y J. McDonald, Elsevier, Nueva York, 1992, págs. 159-181.

Kestin, J., *A Course in Thermodynamics*, Hemisphere Press, Nueva York, 1968.

Kestin, J. (ed.), *The Second Law of Thermodynamics*, Benchmark Papers on Energy, vol. 5, Investigations into the foundations of thermodynamics, por C. Carathéodory, Dowden, Hutchison and Ross, Nueva York, 1976, págs. 225-256.

Lotka A., «Contribution to the energetics of evolution», *Proceedings of the National Academy of Sciences USA* 8 (1922), págs. 148-154.

Luvall, J.C. y H.R. Holbo, «Measurements of short term thermal responses of coniferous forest canopies using thermal scanner data», *Remote Sensing of the Environment*, 27, 1989, págs. 1-10.

Luvall, J.C. y H.R. Holbo, «Thermal remote sensing methods in landscape ecology», en *Quantitative Methods in Landscape Ecology*, eds. M. Turner y R.H. Gardner, capítulo 6, Springer-Verlag, Nueva York, 1991.

Nicolis, G. y I. Prigogine, *Exploring Complexity*, Freeman, Nueva York, 1989.

Odum, H.T. y R.C. Pinkerton, «Time's speed regulator», *American Scientist* 43 (1955), págs. 321-343.

Schneider, E.D., «Schrödinger shortchanged», *Nature* 328(1987), pág. 300.

Schneider, E., «Thermodynamics, information, and evolution: new perspectives on physical and biological evolution», en *Entropy,*

Information, and Evolution: New Perspectives on Physical and Biological Evolution, eds. B.H. Weber, D.J. Depew y J.D. Smith, MIT Press, Boston, 1988, págs. 108-138.

Schneider, E. y J. Kay, «Life as a manifestation of the second law of thermodynamics», *Mathematical and Computer Modeling* 19 (1994), núms. 6-8, 25-48.

Schrödinger, E., *What is Life?*, Cambridge University Press, Cambridge, 1944 [trad. esp.: *¿Qué es la vida?*, Tusquets Editores (Metatemas 1), Barcelona, 1983].

Ulanowicz, R.E., *Growth and Development: Ecosystem Phenomenology*, Springer, Nueva York, 1986.

Ulanowicz, R.E. y B.M. Hannon, «Life and the production of entropy, *Proceedings of the Royal Society B* 232 (1987), págs. 181-192.

Watson, J.D. y F.H.C. Crick, «Molecular structure of nucleic acids», *Nature* 171 (1953), 4356, págs. 737-738.

13
Reminiscencias
*Ruth Braunizer**

Me gustaría subrayar que no me dedico a la ciencia, y que si he aceptado esta invitación ha sido como un gesto de lealtad hacia mi padre, para honrar su memoria. Espero, por lo tanto, que me excusen por no hablar de su obra.

En una ocasión parecida, el año pasado en París, se me pidió que aportase notas biográficas sobre mi padre y tuve que expresar mis dudas en lo que concierne a las biografías en general. Con mucha frecuencia ofrecen sólo las opiniones del autor y sirven a *sus* propósitos. Pocas veces hacen justicia a los sujetos mismos, y tienden a encasillarlos a los ojos del público. Sobresalen como monumentos hasta que de pronto alguien se complace en señalar sus debilidades y carencias, como si éstas tuviesen algún sentido.

En nuestra época el voyeurismo está en auge, y difícilmente un personaje público, tanto si es genuinamente importante como si no, puede librarse de él. A pesar de ello, una narración fidedigna de la vida de Erwin Schrödinger está aún por escribir. Para ser fidedigna tendría que ceñirse a los hechos y evitar la ficción y cualquier concesión a los gustos del público.

En este punto se agradece una cita de Einstein: «Lo esencial del ser de un hombre de mi clase está precisamente

---

* Este capítulo está basado en la charla que Ruth Braunizer, hija de Erwin Schrödinger, impartió durante el banquete que clausuró el simposio. *(N. de los E.)*

en *qué* piensa y *cómo* piensa, *no* en lo que hace o sufre». Lo que Erwin Schrödinger pensaba y cómo pensaba es cosa harto conocida para la mayoría en el mundo de la física, y cualquiera que entienda su lenguaje puede leerlo, repensarlo, interpretarlo y, si lo desea, contradecirlo o respaldarlo. Este juego no es para mí. Lo que no podemos adivinar es qué le hizo pensar como pensaba. Si tuviéramos una explicación para eso, significaría que conoceríamos la respuesta a la cuestión fundamental de la vida. Para mí, sólo intentarlo ya sería presuntuoso. Lo que sí puedo hacer, sin embargo, es retrotraerme en el tiempo y echar una mirada a las influencias decisivas a las que estuvo expuesto en vida, e intentar recordar lo que quería él para sí.

La principal influencia fue el ambiente vienés entre el cambio de siglo y finales de los años veinte. Al no haber sido testigo directo, sólo puedo escuchar con fascinación los relatos de nuestros mayores cuando hablan de aquellos tiempos. De Toqueville señaló una vez que nadie que no hubiese vivido antes de la Revolución Francesa podría imaginar cómo era la vida entonces; algo parecido puede decirse de las últimas décadas del Imperio Austrohúngaro. Hubo un rápido crecimiento de la brillantez y el talento intelectual en casi todos los campos; pueden mencionarse decenas de nombres famosos de ese periodo. La Universidad de Viena era una auténtica Meca para muchos. Estaba también la Escuela Austriaca de Economía, la Escuela Vienesa de Medicina, había pintores, compositores, arquitectos, escultores, escritores y actores.

Las aguas quietas del decadente imperio fueron un medio de cultivo para casi todo lo que vio la luz, y no menos para la todavía poco conocida comunidad de físicos teóricos. Había una excelente escolarización que fomentaba las humanidades y, siendo barata, ofrecía oportunidades a todos los niños, incluidos los de familias pobres.

El resultado fue un grupo social relativamente grande de hombres y mujeres con una amplia cultura. Un miembro de aquella generación, ya fuera médico, funcionario, ingeniero o capitán de barco, habría sido capaz de leer a Platón o Séneca en versión original y sin ayuda de diccionarios ni comentarios, con independencia de su ocupación. En consecuencia, también había maestros de su propio lenguaje. Esto me vino a la mente hace poco, al leer una carta de un joven físico, cosa que hice con creciente asombro e incredulidad, pues estaba tan plagada de errores gramaticales y ortográficos que me pregunté cómo había pasado el bachillerato, por no hablar de niveles superiores. El caso es que se trata de un científico de lo más prometedor, altamente considerado por sus colegas. Presumiblemente, en los días de mi padre no habría llegado donde está, porque el sistema lo habría rechazado mucho antes, o le habría forzado a hacer los deberes.

Es obvio que en nuestros tiempos uno puede llegar lejos sin preocuparse por la cultura. Este incidente plantea varias cuestiones. ¿Estamos ante el resultado de la especialización? A mi padre le horrorizaba la especialización y siempre se empeñó en ser un generalista. Era la marca de su generación. Ahora bien, más allá de eso, ¿acaso no fue también una postura muy importante en lo personal, algo esencial para sus progresos? ¿O es que el joven físico que acabo de mencionar es la prueba de que un genio prevalecerá en cualquier circunstancia?

En cualquier caso, mi padre no habría sido admitido en el *gymnasium*, y mucho menos en la universidad, sin un perfecto dominio de la gramática y la ortografía. Su genio habría quedado relegado en otro nivel, quizá el de profesional de la cultura. Es posible que se hubiese convertido en un pintor o, más difícilmente, en un escritor famoso, ¿quién sabe?

Pero, tras haber subrayado la importancia de la educación secundaria en aquellos tiempos, es obligado señalar que en 1914 casi todas las grandes potencias estaban gobernadas por personas muy instruidas y con una amplia cultura, lo que sin embargo no les impidió conducir a la humanidad a la que hasta ahora ha sido la mayor catástrofe de su historia. En vista de ello, debo concluir que, con independencia de la relevancia que puedan haber tenido la educación y la cultura de mi padre para sus logros científicos, éstas fueron ciertamente esenciales para su imagen y la impresión que causó como ser humano. Era un caballero a la vieja usanza, lo que le convertía en un hombre amable y adorable, de los que nos hacen añorar tiempos que ya no volverán.

Dicho esto, no podemos olvidar la tutela de sus padres, quienes ejercieron una gran influencia sobre él. El bilingüismo y los lazos familiares de su madre, criada en Inglaterra, pronto se hicieron suyos también. Su madre amaba la música y tocaba el violín. Cuando murió de cáncer de mama a la edad de 54 años, su hijo achacó el agravamiento de la enfermedad a su ferviente práctica del instrumento. Su muerte, junto con la de su padre cerca de dos años antes, dejó una impronta trágica en Erwin Schrödinger. A partir de entonces rompió toda relación con la música.

Su padre dirigía un negocio familiar de confección y distribución de telas, pero su vocación era la biología y la ciencia en general, a lo que unía un profundo interés artístico. Era un diletante en el mejor de los sentidos, es decir, una persona de notable talento e intelecto, ávida de conocimiento en campos ajenos a su profesión. Poseía también una gran biblioteca, que su hijo usaba siempre que quería prácticamente desde que fue capaz de leer. Uno de los pocos arrepentimientos sinceros que escuché en voz de mi padre fue la pérdida de aquella biblioteca, que decidió vender en un momento de irreflexión tras la muerte de su progenitor.

La gente que adquiere fama en razón de su eminencia corre el riesgo de convertirse en leyenda. De vez en cuando algún historiador entusiasta se encarga de destruir una de estas leyendas. Generaciones de escolares en el mundo de habla germana aprendieron que las últimas palabras de Goethe fueron «Más Luz». Ahora se nos dice, en cambio, que sus últimas palabras las dirigió a una joven diciendo «pequeña, toma mi mano una vez más». Las leyendas destruidas acostumbran a ser reemplazadas por otras leyendas. Aun en el estrecho círculo familiar tiende a desarrollarse una imagen legendaria de la persona muerta. Es difícil sustraerse a estas transformaciones de la memoria.

Aquí puede ser de ayuda recordar fragmentos de conversaciones y otros intercambios que den idea de lo que la persona pensaba de sí misma, o qué cuadro pintaría si se le pidiera que se retratase. Recuerdo vívidamente una de estas conversaciones, unos dos años antes de la muerte de mi padre. Era sobre los progresos de otra persona y su elección de carrera futura. En ese punto, enfáticamente, mi padre terció así: «Antes de saber siquiera qué carrera escogería, ya me había mentalizado para ser profesor». Esta frase, cincelada en mi memoria, no es una leyenda. En ella se vislumbra el auténtico Erwin Schrödinger. No sólo era, como me han hecho saber muchos de sus discípulos, un excelente profesor con una forma de expresarse maravillosamente clara y simple, tanto oralmente como por escrito (a lo cual debe haber contribuido su educación plurilingüe), sino que, más allá de eso, la docencia significaba algo más en su vida. La necesitaba para hacer lo que hizo; para él era, de hecho, un instrumento.

Estoy segura de que son multitud, quizá millones, las personas que a menudo tienen ideas maravillosas y valiosas. Encerradas en las mentes y cráneos de miles de individuos, cada día nacen teorías espléndidas, quizá soluciones maravillosas a multitud de problemas. El único problema es que nunca se exponen, y al final se pierden. Puede que su portador no reconozca el valor que tienen, o que sea incapaz de comunicarlas. La docencia misma no inspiró en mi padre ideas luminosas, pero su afán original por usar este vehículo tan eficiente para la transmisión de cualquier idea que pudiera ocurrírsele fue probablemente una de sus fuerzas impulsoras.

Cuando llegamos a Irlanda hace más de cincuenta años, éramos refugiados. En el mundo sigue habiendo refugiados, quizá tantos como entonces. Tenemos razones para pensar que se avecina una desgraciada era de violencia. Mi padre, él mismo un refugiado, habría simpatizado con todos aquellos que han tenido que dejar su residencia para salvar sus vidas. Su oposición abierta al régimen nazi le convirtió en un refugiado. De no ser así, podría haberse quedado y haber sido uno de esos sabios de Hitler que pasaron la guerra sin demasiadas preocupaciones y que tampoco tuvieron demasiados problemas ni remordimientos en la posguerra.

A diferencia de millones de personas desgraciadas que fueron perseguidas en razón de su nacimiento, él pudo elegir, y eligió marcharse. A diferencia de tantos otros, nosotros éramos unos privilegiados. No tuvimos que mendigar para ser aceptados en un país extranjero ni miedo de ser repatriados. Fuimos invitados a venir y se nos brindó una generosa hospitalidad. Por esto estaremos siempre agradecidos a Irlanda, a su gente y a Éamonn de Valera, uno de los mejores amigos de mi padre.

Esto lo he dicho otras veces y me congratulo de repetirlo ahora, más de medio siglo después de que llegáramos a Dublín, en esta feliz ocasión y en esta bella ciudad.

Apéndices

Ponentes

RUTH BRAUNIZER
A-6236 Alpbach 318, Tirol, Österreich

CHRISTIAN DE DUVE
ICP 75.50, Avenue Hippocrate 75, B-1200 Bruxelles, Belgique

JARED DIAMOND
Department of Physiology, UCLA Medical Center, 10833 Le Conte Avenue, Los Angeles, CA 90024-1751, USA

MANFRED EIGEN
Max Plank Institut für Biophysikalische Chemie, Postfach 2841, D-37077 Göttingen, Deutschland

STEPHEN JAY GOULD
Museum of Comparative Zoology, Harvard University, 26 Oxford Street, Cambridge, MA 02138, USA

HERMANN HAKEN
Institute for Theoretical Physics and Synergetics, University of Stuttgart, Deutschland

STUART A. KAUFFMAN
Santa Fe Institute, 1660 Old Pecos Trail, Suite A, Santa Fe, NM 87501, USA

JAMES J. KAY
Environment and Resource Studies, University of Waterloo, Waterloo, Ontario, Canada N21 3G1

J.A. SCOTT KELSO
  Program in Complex Systems and Brain Sciences, Center for Comlex Systems, Florida Atlantic University, Boca Raton, FL, USA

JOHN MAYNARD SMITH
  Biology Building, The University of Sussex, Falmer, Brighton, Sussex BN1 9QG, UK

MICHAEL P. MURPHY
  Department of Biochemistry, University of Otago, Box 56, Dunedin, New Zealand

LUKE A.J. O'NEILL
  Department of Biochemistry, Trinity College, Dublin 2, Ireland

ROGER PENROSE
  Mathematical Institute, 24-29 St Giles, Oxford OX1 3LB, UK

ERIC D. SCHNEIDER
  Hawkwood Institute, P.O. Box 1017, Livingstone, MT 59047, USA

EÖRS SZATHMARY
  Department of Plant Taxonomy and Ecology, Eötvos University, Budapest, Hungría

WALTER THIRRING
  Institut für Theorische Physik, Universität Wien, Boltzmanngasse 5, A-1090, Wien, Österreich

LEWIS WOLPERT
  Department of Anatomy and Developmental Biology, University College and Middlesex School of Medicine, Windeyer Building, Cleveland Street, London W1P 6DB, UK

248

Índice de materias

Los números de página en cursiva se refieren a figuras.

250

organización espaciotemporal,
207
patrones, 212
tamaño, 66, 67, 69
transición de pauta sincopada a
sincronizada, 208, *209*, 210,
211
chimpancés
aptitudes lingüísticas, 74
comunes, 65
dieta, 70
distancia genética del hombre,
82
pigmeos, 65
aptitudes linguísticas, 74
reconocimiento individual, 70
resolución de problemas, 70
uso de herramientas, 69, 70
ciencias históricas, 80-81
citocromo C, 65
código genético
evolución, 99-100
origen, 98, 103
rasgos adaptativos, 99-100
redundancia, 100
codones, 98
para el ácido aspártico, 100
para el ácido glutámico, 100
reasignación, 99
cofactores, 101
complejidad material, 197
comportamiento
complejidad, 197
descomposición espaciotemporal, 211, 212, *213*
no computable, 163
organizado, 234
promotor de la supervivencia,
215-216
sincopado y sincronizado, 208,
209, 210, 211

comprensión consciente, 161-
163
no computabilidad de la, 162
computación, 161-162
computadores
paralelos, 26
pensantes, 28
comunicación
celular, 38
humana, 38, 64
véase también lenguaje
conciencia, 162
confusión de estados cuánticos,
169, 170-172
conglomerado caliente, 185
congruencia, 112, 113
conocimiento, 35, 64
conservación del volumen fásico,
147-148
constante de estructura fina, 185
contingencia histórica, 57-60
convección en fluidos, 193-194,
225-226
convergencia
en el espacio de estados, 147
en sistemas colectivamente autocatalíticos, 153
en sistemas termodinámicos a-
biertos, 121, 148, 157
hacia atractores, 147
coordinación, 192
celular, 198
leyes, 200, 204
motriz, 201
relativa, 205
cordados, 59
costura, 71
crecimiento
biológico, 230
factores, 90
vegetal, 230

estresados, 232
  exergía, 231, 233
  potencia consumida, 231
  temperatura superficial, 233
ecuación de Schrödinger, 164, 165, 168, 182
Einstein, Albert, 173, 239
ejes cartesianos, 87
embriología, 84
embrión
  desarrollo, 90
  interacciones celulares en el, 85
energética de ecosistemas, 232-233
energía, 187
  degradación, 230, 235
  flujo de, 232
  gradientes, 228
  potencial, 185
  requerimientos, 37
enlaces covalentes, 156
entropía, 223, 224
  competencia por la, 228
  de sistemas vivos, 229
  incremento, 225
enzimas
  asignación, 101, 102
  de ARN, 98
  fosforilación, 143
equilibrio, 22
escisión polimérica, 127, 132
esclavización, principio de, 195, 196, 197, 216
espacio de fases
  conservación del volumen, 147-148
  volúmenes, 122
especies
  como unidades de selección, 54

distribución de abundancia de, 230
evolutivamente exitosas, 64, 231
exterminio, 64
extinción, 54, 55, 72
  humana, 59
esquemas de reducción
  gravitacional, 173-174
  GRW, 168-169, 171, 172
estabilidad, 185
estadística de Fermi, 185
estados cuánticos, 164, 176, 182
  autocolapso, 177
  confusión, 170-171
  evolución computable, 164
  evolución temporal, 164
  pares de partículas, 170
  ponderados, 164
estandarización, 45
estructuras disipativas, 227
ética, 40
evapotranspiración, 230
evolución, 22, 23, 24
  clásica (C) de un sistema físico, 165, 166, 168
  cultural, 39
  de las leyes naturales, 181-187
  del desarrollo embrionario, 83-84
  direccional, 56
  molecular, 26, 27
  simulación, 26
  temporal, 182
  unitaria (U) de un sistema físico, 165, 166, 168, 172
exergía, 223, 231, 233
explosión cámbrica, 56, 59
extinción de especies, 72
  masiva, 55, 56
  por impactos meteoríticos, 55

libertad, 35
  relevancia, 36

jerarquía, 53-56
  de inestabilidades, 196
Jordan, Pascual, 18

Karhunen-Loève, método de, 211
Kendrew, John, 19
Krebs, Hans, 20

Lascaux, 72
Le Chatelier, principio de, 226
lenguaje, 75, 97, 102-109
  aptitud lingüística, 104-105, 109
  complejidad, 76
  comunicación, 74
  de los cercopitecos, 75-76
  digital, 97
  discapacidad, 107-108
  divergencia, 81
  escrito, 77
  evolución, 75-80
  filogenia, 104
  formalización, 38-39
  hablado, 74
  heredabilidad, 97
  humano, 102-105
  intercambio de vocablos, 103
  interno, 38
  inventiva y, 75
  primitivo, 76, 77, 78
  origen, 102, 106
  perfeccionamiento, 82
  reconstrucción, 104
  reglas gramaticales, 105
  véase también comunicación,
    hombre, lenguas
lenguas
  criollas, 78, 79
  francas, 78, 79

leyes
  biológicas, 191
  dominio de aplicabilidad, 182
  físicas, 181
  formulación, 182
  jerarquía, 183
  naturales, 181-187
  niveles, 182, 183
libertad individual, 39
ligando, 136
limitación de recursos, 18
límite del caos, 148-152
Liouville, teorema de, 122, 147
Lipmann, Fritz, 20
Lorenz, Konrad, 215
Lyell, Charles, 51

macroevolución, 56
manipulación de imágenes, 106
máquinas, 64
  de Turing, 162, 167
material hereditario, 47, 49
mecánica cuántica, 119, 181
  límite clásico, 186
mecánica estadística, 119
medida cuántica, 166
menopausia, 67
metabolismo, 21, 112
Meyerhof, Otto, 20
micoplasmas, 125
  como sistemas colectivamente
    autocatalíticos, 126
microcódigo, 117, 118
microtúbulos neuronales, 176
  oscilación cuántica en, 177
milenio, 16
mioglobina, 65, 66
moléculas
  colisiones, 122
  enlaces covalentes, 156
  inductoras, 84